数理工学基礎シリーズ

|廣田 薫|大石進一|大西公平|新 誠一|監修|

5

コンピュータの数理

矢向高弘
村上俊之
大西公平
[著]

朝倉書店

まえがき

コンピュータは対象が自然物ではなく，完全な人工物である．これは，作られた論理の中で動いている機械と見做すことができ，その動作のみなら完全に数学的な記述が可能である．それならば，いきなりプログラミングからはじめるより，コンピュータの構造を論理的にあるいは数学的に理解する方が結局はその本質を理解するのではなかろうか．これが，本書の執筆動機である．時代とともに急激に進歩している商品としてのコンピュータではなく，四則演算と同じように，手近に使える計算をしてくれる不変な客体としてのコンピュータを身に付けて欲しいと思う．

第 1 章のコンピュータハードウェアの基礎では，ディジタル理論の基礎であるブール代数からはじめ，コンピュータの動作する仕組みまでが述べられている．1.1 節は，論理学などでも学ぶ論理積 (AND) や論理和 (OR) といった基本的な論理演算について述べており，すでにご存じの読者は読み飛ばしても構わない．1.2 節は，ブール代数とディジタル回路中の電気信号との結び付きを取り扱っており，特にハードウェアを操作する必要のある読者は必ず読んでおいて欲しい．1.3，1.4 節はコンピュータハードウェアに関する中心的な節である．1.5 節は後に 4.3 節で詳しく述べる内容の概説であり，オペレーティングシステムについて，ある程度知識のある読者は読み飛ばしても構わないだろう．最後の 1.6 節では，ハードウェアの高速化技術について，これだけは知っておかないとプログラムからハードウェアを操作する際に困るだろうという内容を紹介しているので，ぜひとも知っておいて欲しい．

第 2 章の計算のデータ表現と演算では，ディジタルコンピュータ内で数値を表現する方法と，その演算方法が簡潔に述べられている．また，コンピュータ特有である表現可能な数値の分布や，演算の結果として生じる誤差についても述べられている．特に数値制御などを行う場合は，演算誤差に十分注意を払う必要があるので，必ず理解しておいて欲しい．

第3，4章では，C言語を用いたプログラミングについて述べている．3.1，3.2節では多くのプログラミング言語の中でのC言語の位置付けを簡単に示している．3.3節ではC言語の文法について詳細に説明している．特にハードウェアとの関連について述べている箇所は少ないので，すでにC言語でプログラミングが行える読者は読み飛ばしても構わないだろう．4.1節では，C言語で作成されたプログラムがコンピュータ内でどのように実行されるかを見る．また4.2節では，Cコンパイラがどのように働いているのかを見る．どちらの節も若干込み入った内容であり，分かりづらいかも知れないが，ハードウェアを操作することが目的の場合は避けては通れない内容であるので，しっかり理解しておいて欲しい．4.3節では，オペレーティングシステムの働きについて学ぶ．UNIXに代表される資源管理のしっかりしたオペレーティングシステム上でハードウェアを操作する場合には，本節の内容が役立つであろう．4.4節はマルチプロセス，あるいはマルチスレッドと呼ばれるプログラムを作成する場合の基本概念である並行プロセスについて簡単に説明しており，これからのプログラミングにおいては常識とされる内容である．最後の4.5節では，第2章で触れた誤差の問題がC言語プログラムにどのような影響を及ぼすのかに触れる．また，プログラムの処理時間を意識したプログラミングを行えるように，計算量について簡単に触れた．

本書の3.3節は慶應義塾大学理工学部システムデザイン工学科のテキストを元にしており，講義を担当されている慶應義塾大学理工学部助教授の大森浩充氏，同助教授の中澤和夫氏ならびに元同専任講師の渡辺亨氏から頂いた多くの意見が反映されている．また，朝倉書店の編集担当者には，出版に際して非常にお世話になった．以上の方々に心から謝意を表したい．

2000年9月

矢向高弘
村上俊之
大西公平

目　　次

1 コンピュータハードウェアの基礎

本章では，コンピュータのハードウェア，すなわちコンピュータ自身がどのような電気回路で構成されており，各部分がどのように機能しているかを学ぶ．読者が扱うコンピュータハードウェアのほとんどは，電圧の高低で情報を表現するディジタル回路により構成されており，ディジタル回路の動作は 2 値論理すなわちブール代数によって体系付けられている*1)．そこで，まず 1.1 節では，最低限の基礎としてブール代数を学んでおこう．

次に，1.2 節でディジタル回路について学ぶ．ディジタル回路は内部状態を持つか持たないかによって分類され，それぞれ組み合わせ回路と順序回路と呼ばれる．そこでまず，ディジタルとアナログとの違いと，ディジタルとブール代数との対応付けについて触れ，次いで 1.2.4 項において内部状態を持たないディジタル回路である組み合わせ回路を学び，さらに 1.2.5 項では内部状態を持つディジタル回路である順序回路を学ぶ．

ディジタル回路についての知識が得られたところで，1.3 節ではコンピュータがどのような原理に基づいて動作しているのかを学んでおこう．現在のコンピュータの多くは，1945 年にノイマン (J. von Neumann) が提唱したプログラム内蔵式のコンピュータであり，一般には提唱者にちなんでノイマン型コンピュータと呼ばれている．

次に，ノイマン型コンピュータが現実のディジタル回路としてどのように構成されているかを 1.4 節で学ぼう．ブール代数やディジタル回路を巧みに構成することにより，コンピュータが構築される様子を見て欲しい．

---

*1) 2 値を越える値を基礎とする多値論理 (multi-value logic) も研究されており，また多値論理を直接取り扱える多値回路も研究されていることも知っておいて欲しい．

1.5 節では，基本ソフトウェアなどとも呼ばれるオペレーティングシステムの重要な役割の 1 つであるハードウェアの抽象化について簡単に触れておく．オペレーティングシステムは，プログラムとコンピュータハードウェアの仲介を司るソフトウェアである．コンピュータハードウェアの機種依存性を包み込み，プログラムが抽象的な命令でコンピュータハードウェアを取り扱えるようにする役割を担っている．これにより，同じプログラムが，まったく変更なく，あるいは少しの変更によって，様々なコンピュータハードウェア上で実行できるようになるのである．

本章の締め括りとして 1.6 節では，ハードウェアによる高速化手法を学んでおく．この分野は，特に技術革新の速い分野であるため，網羅的に学ぶことは特に難しい．本節では，いくつかの例を示すにとどめているが，どの手法においても，ハードウェアあるいはオペレーティングシステムの段階で特殊性が吸収されており，特に高速化技術を意識せずに作成されたプログラムが，そのまま動作するように実現されていることに注目して欲しい．しかし，どのような高速化技術が使われているかを意識したプログラムの方が，一層コンピュータハードウェアの性能を引き出せることにも，併せて注目して欲しい．

1.1　ブール代数の基礎

現在，主流のコンピュータのほとんどは，すべてのものを「正しい」か「間違いである」かの二者択一で取り扱う．世の中には，どちらとも判断できないという判断対象が多数あるが，コンピュータ内部ではいくつもの判断を組み合わせることによって中間表現を可能にしているに過ぎず，要素的には二者択一だけの世界である．幸いなことに，100 年以上も前に，二者択一の演算の組み合わせを取り扱う代数系がすでに体系化されていた．これがブール代数 (Boolean algebra) である．ブール代数は，1854 年にブール (G. Boole) が発表した研究に端を発し，ハンティントン (E. V. Huntington) らの功績により確立された論理計算体系である．これは，「思考の法則 (the Law of Thought)」について体系化することを目的とした抽象的な代数系であるが，ディジタル回路の論理設計やプログラミングを行うのに重宝する道具である．そこで，ここではコンピュータの数理として頻繁に利用されるブール代数の基礎を学んでおこう.

定義 1.1. (ブール代数) ブール代数とは，次の 9 つの公理[*2)]を満たす代数系 $(\mathcal{B}, \vee, \cdot, \overline{}, 0, 1)$ である: $\mathcal{B}$ の任意の要素 x, y, z に対して,

公理 1 $x \vee y = y \vee x$ (ブール和の交換法則)

公理 2 $x \cdot y = y \cdot x$ (ブール積の交換法則)

公理 3 $x \cdot (y \vee z) = (x \cdot y) \vee (x \cdot z)$ (ブール積の分配法則)

公理 4 $x \vee (y \cdot z) = (x \vee y) \cdot (x \vee z)$ (ブール和の分配法則)

公理 5 $x \vee 0 = x$ (零元 (zero element) の存在)

公理 6 $x \cdot 1 = x$ (単位元 (unit element) の存在)

公理 7 $x \vee \overline{x} = 1$ (補元 (complement) の存在)

公理 8 $x \cdot \overline{x} = 0$ (補元の存在)

公理 9 $0 \neq 1$

表 1.1 に示す 3 つの演算が，ブール代数における演算の定義である.

与えられた命題 P に対して必ず真理値 (truth value) が決まるとする．真理値とは，真か偽か (truth か falsity か，1 か 0 か) のどちらかの値である．この時，先に述べたように，いくつもの命題を組み合わせた時の真理値がどうなるかを考えたい．例として，命題「英語が合格している」の真理値を x_e，命題「国語が合格している」の真理値を x_j，命題「数学が合格している」の真理値を x_m という変数で与えられた時に,「数学が合格して，かつ少なくとも片方の語学が合格している」という命題の真理値 x_p を求めてみよう．2 つの真理値に応じて 1 つの真理値を導き出す 2 項演算 (binary operation) というものがある．表 1.1 に，2 項演算であるブール和 (Boolean sum, OR とも呼ばれる) とブール積 (Boolean product, AND)，単項演算である否定 (negation, NOT) の真理値表 (truth value table) を示す．ここで記号 $\cdot$ や $\vee$ は，2 項演算子 (binary operator) と呼ばれる．表 1.1 から,「2 つの語学のうちで，少なくとも片方」という演算はブール和によって実現でき,「かつ」という演算はブール積によって実現できることが分かるだろう．したがって命題 x_p は,

---

*2) ブール代数の公理の与え方はいくつかあり，ここに示しているものはハンティントンによる公理である.

$$x_p = x_m \cdot (x_e \vee x_j) \tag{1.1}$$

と求められる．0か1かのどちらかの値をとる変数をブール変数 (Boolean variable) といい，ブール変数にブール演算子を有限回適用して作られる式をブール式 (Boolean expression) という．

表 1.1　ブール和 ($\vee$)，ブール積 ($\cdot$)，否定 ($\overline{}$) の真理値表

A	B	$A \vee B$
0	0	0
0	1	1
1	0	1
1	1	1

A	B	$A \cdot B$
0	0	0
0	1	0
1	0	0
1	1	1

A	$\overline{A}$
0	1
1	0

次に，何らかの事情で英語と国語の成績を同時に参照できない場合を考えてみよう．$x_e \vee x_j$ の真理値が得られないため，式 (1.1) では演算不可能で x_p を導き出すことができない．そこで定義 1.1 に示したブール代数の公理を利用しよう．公理 3 の分配法則を用いて，以下のように式変形することができる．

$$x_p = (x_m \cdot x_e) \vee (x_m \cdot x_j) \tag{1.2}$$

式 (1.2) を用いることにより，英語と国語の成績を同時に参照できなくても，x_p を導き出すことができるようになった．コンピュータの中では，真理値が同時に参照できない状況は多いため，ブール代数の各種定理は大変重宝するものである．

問 1.1.　$\overline{\overline{x}} = x$ を証明せよ．

問 1.2.　$x \vee x = x$, $x \cdot x = x$ を証明せよ (巾等法則).

問 1.3.　$\overline{x \vee y} = \overline{x} \cdot \overline{y}$, $\overline{x \cdot y} = \overline{x} \vee \overline{y}$ を証明せよ (ド・モルガンの法則).

1.1.1　ブール関数と標準形

簡単なブール式に慣れたところで，複雑なブール式を取り扱う方法を学ぼう．その前にブール式を関数として表現する方法を紹介しておこう．先の式 (1.1) は，x_m, x_e, x_j という 3 つの真理値から，1 つの真理値を求める式であった．これは以下のようにブール関数として表現できる．

$$x_p = x_m \cdot (x_e \vee x_j) = f(x_m, x_e, x_j) \tag{1.3}$$

厳密な定義を以下に示す．

定義 1.2. (ブール関数)　0, 1 を成分とするベクトルをブールベクトルとし，成分の個数をブールベクトルの次元とする．変数が n 個あるとき，n 次元のブールベクトルは $(x_1, x_2, \cdots, x_n) \in \mathcal{B}^n$ である．この集合 $\mathcal{B}^n$ から $\mathcal{B}$ への写像 $\mathcal{B}^n \to \mathcal{B}$ を，n 変数ブール関数 (n-variable Boolean function) といい，$f(x_1, x_2, \cdots, x_n)$ と表現する．

少々複雑な関数として，3 次元の多数決関数 $f(x_1, x_2, x_3)$ を考えてみる．例えば出席を 3 回とる講義があり，2 回以上出席していれば合格，さもなければ不合格という判定を下す関数である．すぐにブール式を記述するのは難しいから，まず $f(x_1, x_2, x_3)$ の真理値表を書いてみよう (表 1.2)．

表 1.2　3 次元多数決関数の真理値表

x_1	x_2	x_3	$f(x_1, x_2, x_3)$	
0	0	0	0	$\overline{x_1} \cdot \overline{x_2} \cdot \overline{x_3}$
0	0	1	0	$\overline{x_1} \cdot \overline{x_2} \cdot x_3$
0	1	0	0	$\overline{x_1} \cdot x_2 \cdot \overline{x_3}$
0	1	1	1	$\overline{x_1} \cdot x_2 \cdot x_3$
1	0	0	0	$x_1 \cdot \overline{x_2} \cdot \overline{x_3}$
1	0	1	1	$x_1 \cdot \overline{x_2} \cdot x_3$
1	1	0	1	$x_1 \cdot x_2 \cdot \overline{x_3}$
1	1	1	1	$x_1 \cdot x_2 \cdot x_3$

分かりやすいように，右に各行のブール式を列記しておいた．$f(x_1, x_2, x_3)$ を求めるということは，関数の真理値が 1 になる場合を求めることと等価であるから，真理値表の上から順に関数の真理値が 1 である行のブール式すべてのブール和をとればよい．この考えから次式が得られる．関数の添字として，着目した真理値を添えている．

$$f(x_1, x_2, x_3) = (\overline{x_1} \cdot x_2 \cdot x_3) \vee (x_1 \cdot \overline{x_2} \cdot x_3) \vee (x_1 \cdot x_2 \cdot \overline{x_3}) \vee (x_1 \cdot x_2 \cdot x_3) \tag{1.4}$$

定理を 1 つ紹介しよう．ここで，上付き添字を $x^0 \equiv \overline{x}$，$x^1 \equiv x$ と定義し，ブール和として $\sum$ を用いている．

定理 1.1. (積和標準形, disjunctive normal form) 任意のブール式 $f(x_1,\ldots,x_k)$ について,

$$f(x_1,\ldots,x_k)=\sum_{a_1=0}^{1}\cdots\sum_{a_k=0}^{1}f(a_1,\ldots,a_k)\cdot x_1^{a_1}\cdot\cdots\cdot x_k^{a_k} \tag{1.5}$$

を導くことができる．すなわち，基本積 (同じ命題変数が重複して現れない論理積) 1 つ，あるいは 2 つ以上の基本積の和の形式として表現できる．加法標準形とも呼ばれる．□

式 (1.4) は，積和標準形になっていることが分かるだろう．一般に，真理値表から関数の真理値が 1 になる行に注目してブール式を求める方法は，積和標準形のブール式を得る簡単な方法の 1 つである．

逆に考えて，関数の真理値が 0 になる行のブール式すべてのブール和をとり，最後に否定をとってもよい．この考えから，次の式が得られる．

$$f(x_1,x_2,x_3)=\overline{(\overline{x_1}\cdot\overline{x_2}\cdot\overline{x_3})\vee(\overline{x_1}\cdot\overline{x_2}\cdot x_3)\vee(\overline{x_1}\cdot x_2\cdot\overline{x_3})\vee(x_1\cdot\overline{x_2}\cdot\overline{x_3})} \tag{1.6}$$

ド・モルガンの法則を用いて式変形を試みよう．

$$\begin{aligned}f(x_1,x_2,x_3)&=(\overline{\overline{x_1}\cdot\overline{x_2}\cdot\overline{x_3}})\cdot(\overline{\overline{x_1}\cdot\overline{x_2}\cdot x_3})\cdot(\overline{\overline{x_1}\cdot x_2\cdot\overline{x_3}})\cdot(\overline{x_1\cdot\overline{x_2}\cdot\overline{x_3}})\\&=(x_1\vee x_2\vee x_3)\cdot(x_1\vee x_2\vee\overline{x_3})\cdot(x_1\vee\overline{x_2}\vee x_3)\cdot(\overline{x_1}\vee x_2\vee x_3)\end{aligned} \tag{1.7}$$

再び定理を 1 つ紹介しよう．ここで，ブール積として $\prod$ を用いている．

定理 1.2. (和積標準形, conjunctive normal form) 任意のブール式 $f(x_1,\ldots,x_k)$ について,

$$f(x_1,\ldots,x_k)=\prod_{a_1=0}^{1}\cdots\prod_{a_k=0}^{1}f(a_1,\ldots,a_k)\vee x_1^{a_1}\vee\cdots\vee x_k^{a_k} \tag{1.8}$$

を導くことができる．すなわち，基本和 (同じ命題変数が重複して現れない論理和) 1 つ，あるいは 2 つ以上の基本和の積の形式をいう．乗法標準形と

も呼ばれる．□

式 (1.7) は，和積標準形になっている．一般に，真理値表から関数の真理値が 0 になる行に注目してブール式を求める方法は，和積標準形のブール式を得る方法の 1 つである．

式 (1.4)，(1.7) は，ともに同じ関数を意味しているが，一見したところ，同じとは判断できない．複雑なブール式を一意に (しかも簡潔に) 表現する方法はないのだろうか．

1.1.2 ブール関数の簡単化

積和標準形や和積標準形は，ブール関数を機械的に処理するには適した形に思われる．しかし一般的には，それら標準形よりも，さらに簡単なブール関数に変換できるのである．例として式 (1.4) を簡単化してみよう．

$$
\begin{aligned}
f(x_1, x_2, x_3) &= (\overline{x_1} \cdot x_2 \cdot x_3) \vee (x_1 \cdot \overline{x_2} \cdot x_3) \vee (x_1 \cdot x_2 \cdot \overline{x_3}) \vee (x_1 \cdot x_2 \cdot x_3) \\
&= ((\overline{x_1} \cdot x_2 \cdot x_3) \vee (x_1 \cdot x_2 \cdot x_3)) \\
&\quad \vee((x_1 \cdot \overline{x_2} \cdot x_3) \vee (x_1 \cdot x_2 \cdot x_3)) \\
&\quad \vee((x_1 \cdot x_2 \cdot \overline{x_3}) \vee (x_1 \cdot x_2 \cdot x_3)) \\
&= (x_2 \cdot x_3) \vee (x_1 \cdot x_3) \vee (x_1 \cdot x_2) \qquad (1.9)
\end{aligned}
$$

一見して簡単化できたことが分かる．この例のように比較的単純なブール関数ならば手作業による式変形だけで簡単化することができる．しかし，より複雑なブール関数が与えられた時に，式変形だけで簡単化するのは大変な作業である．そこで簡単化する手法がいくつか提案されている．本書では簡単なカルノー図 (Karnaugh map) による簡単化手法だけ触れておく．他のクワイン–マクルスキー法 (Quine-McClusky method) やロイシュ法 (Reush method) は，コンピュータに処理させるための手法であり，人間が実行するには十分に面倒な手法だからである．

カルノー図とは，真理値表に似ているが少し特殊な図表である．表 1.3 に示すのが一番簡単な 2 変数 x_1，x_2 のカルノー図である．3 変数以上のカルノー図については後述する．

表 1.3 2 変数 x_1, x_2 のカルノー図

x_1x_2	00	01	11	10
	$f(0,0)$	$f(0,1)$	$f(1,1)$	$f(1,0)$

変数 x_1，x_2 のとる値の組 00, 01, 11, 10 の並び順が，これまでに示してきた真理値表の順番 (すなわち 2 進数として見たときの昇順) と異なることに注目して欲しい．カルノー図における並び順は，互いに隣り合う変数の値の組を比較すると 1 つの変数の値だけしか異なっていないという点が大きな特徴である．ここで「隣り合う」の意味は，左端と右端との対も，また上端と下端との対も，隣同士として取り扱えることに注意されたい．紙面上では離れているが，頭の中では環状に繋がっているように想像して欲しい．このカルノー図を用いて，以下の手順を踏むことにより簡単化されたブール関数が得られる．

1）変数の数に応じたカルノー図を描き，真理値を書き込む．

2）グルーピングを行う．

- グループとは，真理値 1 を囲む縦横が $2^0, 2^1, \cdots, 2^n$ の大きさの長方形である．
- 各グループは重なってもよく，最小グループ数ですべての真理値 1 を囲むグループの組み合わせを探すことをグルーピングという．

3）各グループに対応するブール式を記述し，それらをブール和で結合する．

例として，ブール関数 $f(x_1, x_2)$: $\{(x_1, x_2)|(0,0), (0,1), (1,0), (1,1)\} \rightarrow \{0, 1, 1, 1\}$ を取り上げ，手順に沿って簡単化してみよう．

まず，手順 1) として，カルノー図を描き，真理値を書き込む．

x_1x_2	00	01	11	10
	0	1	1	1

次に，手順 2) として，グルーピングを行う．

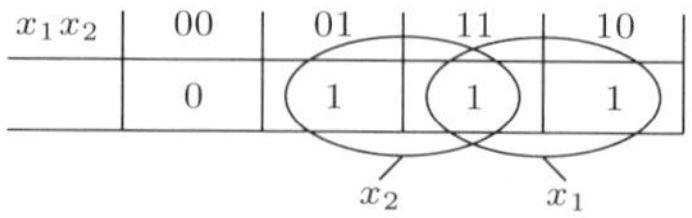

最後に，手順 3) として，各グループに対応するブール式を記述し，ブール和で結合しよう．左のグループは $(\overline{x_1} \cdot x_2) \vee (x_1 \cdot x_2) = x_2$，右のグループは $(x_1 \cdot x_2) \vee (x_1 \cdot \overline{x_2}) = x_1$ であるから，それらをブール和で結合して，ブール関数 $f(x_1, x_2) = x_1 \vee x_2$ が得られる．

次に 3 変数のカルノー図を用いた例として，表 1.2 の多数決関数を再び取り上げよう．3 変数の場合は縦方向に 1 変数を割り当てることにより，以下のようなカルノー図を得る．

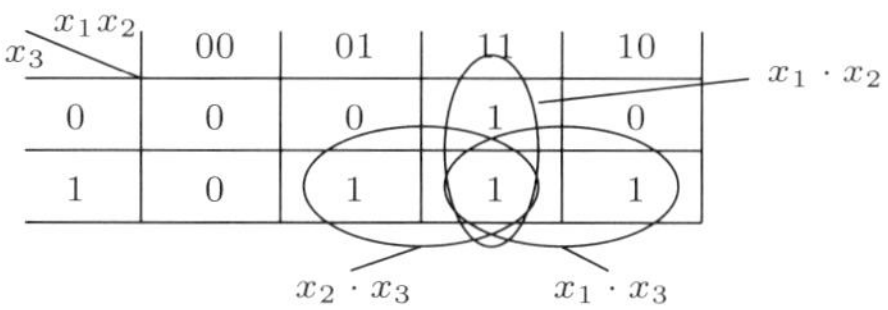

x_1x_2
x_3
00
01
11
10
0
0
0
1
0
1
0
1
1
1
$x_1 \cdot x_2$
$x_2 \cdot x_3$
$x_1 \cdot x_3$

したがって，次式を得る．

$$f(x_1, x_2, x_3) = (x_1 \cdot x_2) \vee (x_2 \cdot x_3) \vee (x_1 \cdot x_3) \tag{1.10}$$

式 (1.10) は，式 (1.4) や式 (1.7) と比較して簡単に表現されていることが分かる．

次に 4 変数のカルノー図も示しておこう．表 1.4 の真理値表で示されるブール関数 $f(x_0, x_1, x_2, x_3)$ を求めてみよう．これは，2 進数で入力される 0 から 9 までの値が 3 で割りきれるかどうかを判定する関数である．2 進数表現と見做したときの値が $\sum_{n=0}^{3}(2^n \cdot x_n)$ と表現できるように，表 1.4 左の変数の順番を添字の降順で記述していることに注意されたい．一般に，コンピュータの回

表 1.4 4 入力の真理値表

x_3	x_2	x_1	x_0	$f(x_0, x_1, x_2, x_3)$
0	0	0	0	1
0	0	0	1	0
0	0	1	0	0
0	0	1	1	1
0	1	0	0	0
0	1	0	1	0
0	1	1	0	1
0	1	1	1	0
1	0	0	0	0
1	0	0	1	1

路など，2 進数との関係が密接な問題を扱う場合，左から右へ添字の降順で並べた方が読みやすく，またカルノー図中も降順で書いた方が間違いが少ない．

入力が 4 変数であるから入力の組み合わせパターンは $2^4 = 16$ 通りあるが，ここには 10 通りしか現れていないことに注意されたい．現れていない 6 通りは禁止入力といわれ，どう処理しても構わないという意味でドントケア (don't care) パターンと呼ばれる．そこで，カルノー図中でもドントケアと分かるように，図中にはハイフン - を記入し[*3]，次のカルノー図を得る．

x_3x_2 \ x_1x_0	00	01	11	10
00	1	0	1	0
01	0	0	0	1
11	-	-	-	-
10	0	1	-	-

ここで，ドントケアを 0 と見做してしまうと，どこもグルーピングできないため，

$$f(x_0, x_1, x_2, x_3) = (\overline{x_0} \cdot \overline{x_1} \cdot \overline{x_2} \cdot \overline{x_3}) \vee (x_0 \cdot x_1 \cdot \overline{x_2} \cdot \overline{x_3}) \\ \vee (\overline{x_0} \cdot x_1 \cdot x_2 \cdot \overline{x_3}) \vee (x_0 \cdot \overline{x_1} \cdot \overline{x_2} \cdot x_3) \quad (1.11)$$

が得られる．しかし，ドントケアは 0 と見做しても 1 と見做してもよい．そこで，改めてグルーピングを行えば，以下のようになる．

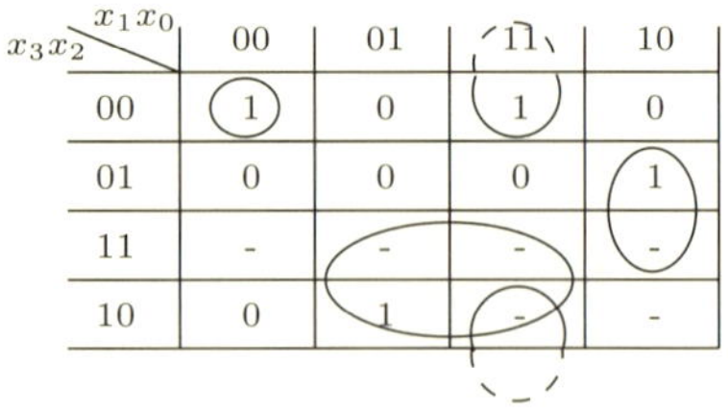
x_1x_0
x_3x_2
00
01
11
10
00 1 0 1 0
01 0 0 0 1
11 - - - -
10 0 1 - -

先に述べた「隣り合う」の意味を思い出して欲しい．左右だけでなく上下も隣り合うものとして取り扱えるため，$f(1,1,0,0)$ と $f(1,1,0,1)$ とを 1 つのグ

*3) 'd' や 'x' を記載する場合もある．

ループとして括ることができるのである．したがって，以下のように簡単化されたブール関数を得る．

$$f(x_0, x_1, x_2, x_3) = (\overline{x_0} \cdot \overline{x_1} \cdot \overline{x_2} \cdot \overline{x_3}) \vee (x_0 \cdot x_1 \cdot \overline{x_2}) \\ \vee(\overline{x_0} \cdot x_1 \cdot x_2) \vee (x_0 \cdot x_3) \quad (1.12)$$

ドントケアを活用することにより，ブール関数をより簡単にできる可能性が高まることが分かる．

問 1.4. 10 行からなる (すなわちドントケアを 6 つ含む) 適当な 4 入力 1 出力の真理値表を描き，カルノー図を用いてブール関数を導け．

問 1.5. 上の練習問題で作成したカルノー図において，ドントケアをすべて 0 と見做した場合と，すべて 1 と見做した場合についてブール関数を導け．

最後に，5 変数以上ある場合はどうするかを考えてみよう．もはや 2 次元の表では取り扱えないが，表 2 枚を 3 次元的に重ねれば，同じ手法で簡単化が行える．

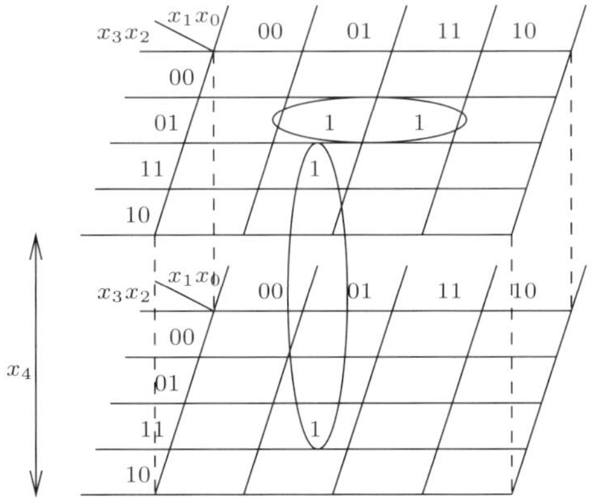

同様に考えれば，7 変数までならカルノー図が描けそうだが，よほど 3 次元の想像力の豊かな方でもグルーピング作業は困難であろう．カルノー図を用いた簡単化手法は，4 ないし 5 変数までのブール関数を簡単化する場合に限り，有効な方法といえよう．

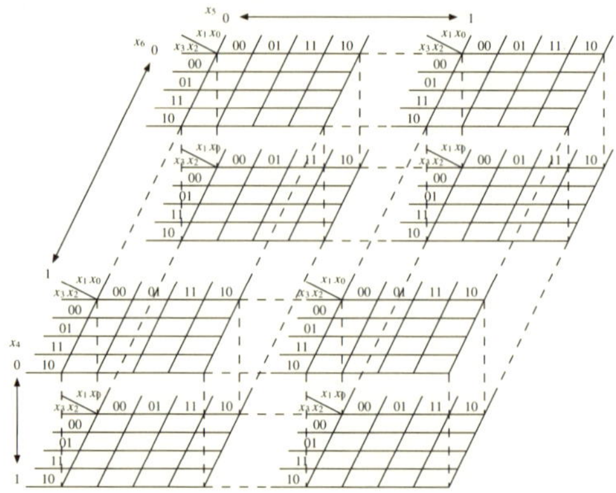

1.1.3 様々なブール演算

これまでブール積 (AND)，ブール和 (OR)，否定 (NOT) (表 1.1 参照) という 3 種類のブール演算を取り扱ってきたが，他にもよく使用される演算が存在するので紹介しておこう．

a. 排他的論理和

表 1.5 の真理値表で示されるブール演算を排他的論理和 (XOR : e<u>x</u>clusive OR) といい，$x \oplus y$ と記述する．

表 1.5 排他的論理和の真理値表

x	y	$x \oplus y$
0	0	0
0	1	1
1	0	1
1	1	0

b. シェファの縦棒

表 1.6 の真理値表で示されるブール演算をシェファの縦棒 (Sheffer's stroke) といい，$x \mid y$ と記述する．真理値表から明らかに $x \mid y = \overline{x \cdot y}$ であるから，ナンド (NAND : not AND) と呼ばれることが多い．

表 1.6　シェファの縦棒の真理値表

x	y	$x \mid y$
0	0	1
0	1	1
1	0	1
1	1	0

c. 2 重縦棒

表 1.7 の真理値表で示されるブール演算を 2 重縦棒 (double stroke) といい，$x \parallel y$ と記述する．真理値表から明らかに $x \parallel y = \overline{x \vee y}$ であるから，ノア (NOR : not OR) と呼ばれることが多い．

表 1.7　2 重縦棒の真理値表

x	y	$x \parallel y$
0	0	1
0	1	0
1	0	0
1	1	0

d. 含　意

表 1.8 の真理値表で示されるブール演算を含意 (implication) といい，$x \to y$ と記述する．$x \leq y$ の時に 1 であると考えると覚えやすい．

表 1.8　含意の真理値表

x	y	$x \to y$
0	0	1
0	1	1
1	0	0
1	1	1

e. 同　値

表 1.9 の真理値表で示されるブール演算を同値 (equivalence) といい，$x \odot y$ と記述する．

表 1.9　同値の真理値表

x	y	$x \odot y$
0	0	1
0	1	0
1	0	0
1	1	1

以上，ブール代数の基礎について簡単に学んだ．より深い内容については，専門書を参照されたい[1)]．

1.2 ディジタル回路

ここでは，コンピュータハードウェアの構成要素であるディジタル回路の基礎を学ぶ．現在，様々なディジタル素子が集積回路 (IC : integrated circuit) として生産されているため，中小規模のディジタル回路ならば，それら既存の集積回路を組み合わせ繋ぎ合わせるだけで作成することができる．本章では，ディジタル素子の組み合わせ方，すなわちディジタル回路の概念と設計について述べる．これらは，中小規模のディジタル回路に限らずコンピュータの頭脳である中央処理装置などの超大規模集積回路[*4)]についても共通であり，動作原理も設計原理もまったく変わらない汎用的な事柄である[*5)]．

1.2.1 ディジタルとアナログ

ディジタルとは離散的な取り扱いをすることをいい，アナログとは連続な取り扱いをすることをいう．例えば，図 1.1 のような電気回路を考えたとき，左の回路の出力端子には 0V か 5V のどちらかしか出力されないが，右の回路の出力端子には 0V から 5V までのいかなる電圧でも出力される[*6)]．

電気回路においては，図 1.1 右の回路のように連続した，すべての電圧レベ

*4)　集積した素子の数に応じて SSI (small scale integration, 10 未満), MSI (medium scale integration, 10 以上), LSI (large scale integration, 100 以上), VLSI (very large scale integration, 5,000 以上), SLSI (super large scale integration, 50,000 以上), ULSI (ultra large scale integration, 100,000 以上) などと分類されることもあれば，一括して LSI と呼ばれることもある．Intel 社の PentiumIII は，950 万個もの素子が集積されている．

*5)　ただし，製作過程は大きく異なる．

*6)　過渡現象などを無視した理想回路と仮定している．

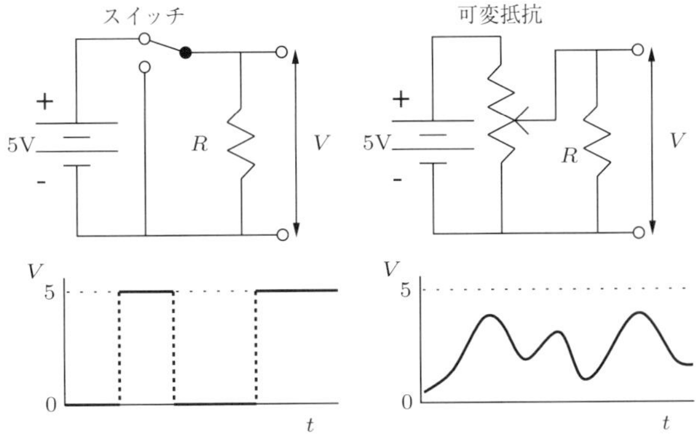

図 1.1 出力がディジタルな回路 (左) とアナログな回路 (右)

ルに意味を持つ回路をアナログ回路といい，左の回路のように不連続な電圧レベルだけに意味を持たせた回路をディジタル回路という．

一般に，ディジタル回路は電圧が高い (H : high level) か低い (L : low level) かの 2 レベルが用いられる*7)．2 レベルにしている理由は様々あるが，電圧の高低を '1' と '0' とに対応付けることによりブール代数と対応付けられ，論理的に設計できるということも大きな理由の 1 つである．この '1' と '0' かという情報こそがディジタル情報の最小単位であり，ビット (bit) と呼ばれる．より複雑な情報は，複数ビットの組み合わせにより表現される．例えば 8 bit を組み合わせれば $2^8 = 256$ 通りの表現が可能になる．この組み合わせ方の詳細は第 2 章を参照されたい．ハードウェア上で複数ビットを表現するには，複数の信号線を用いて複数ビットを同時に表現する場合と，1 つの信号線を時分割して表現する場合の両方が用いられる．前者をパラレル (parallel)，後者をシリアル (serial) という．

ここで，原始的な電気素子は，超伝導体，導体 (抵抗，コイル)，半導体，蓄電器 (コンデンサ) など，アナログなものしか存在しないことに注意して欲しい*8)．ディジタル回路では，ディジタル信号が確実に伝搬するように，これ

---

*7) 0V から 1V 刻みに 5V まで 6 レベルに意味を持たせたディジタル回路など，様々なディジタル回路が考えられ，またそのような値を取り扱う多値理論も研究されている．

*8) 原子 1 つで 1 ビットを記憶する原子素子などは，数少ない例外的なディジタル素子である．

らアナログ素子を組み合わせた部品をディジタル素子として使っているのである．なお，ディジタル信号が確実に伝搬するとは，次のようなことをいう．図 1.2 を見て欲しい．ある回路が 'L' を出力するときに $V_{\mathrm{OL}_{\mathrm{max}}}$ 以下の電圧を出力し，'H' を出力するときに $V_{\mathrm{OH}_{\mathrm{min}}}$ 以上の電圧を出力するとしよう．それに対し，別の回路が $V_{\mathrm{IL}_{\mathrm{max}}}$ 以下の電圧が入力されたときに 'L' が入力されたと認識し，$V_{\mathrm{IH}_{\mathrm{min}}}$ 以上の電圧が入力されたときに 'H' が入力されたと認識するとしよう．この時，伝搬経路で信号にノイズが入り，電圧が多少変化したとしても，ノイズによる電圧の変化量を V_{noise} として $V_{\mathrm{OH}_{\mathrm{min}}} - V_{\mathrm{IH}_{\mathrm{min}}} >| V_{\mathrm{noise}} |$ かつ $V_{\mathrm{IL}_{\mathrm{max}}} - V_{\mathrm{OL}_{\mathrm{max}}} >| V_{\mathrm{noise}} |$ であれば，出力側の意図したディジタル信号 'L', 'H' が確実に入力側に伝わる．このことを，ディジタル信号が確実に伝搬するといい，このような入出力特性を持つアナログ回路のことをディジタル素子と呼ぶ．また，$V_{\mathrm{OH}_{\mathrm{min}}} - V_{\mathrm{IH}_{\mathrm{min}}}$ や $V_{\mathrm{IL}_{\mathrm{max}}} - V_{\mathrm{OL}_{\mathrm{max}}}$ をノイズマージンという．

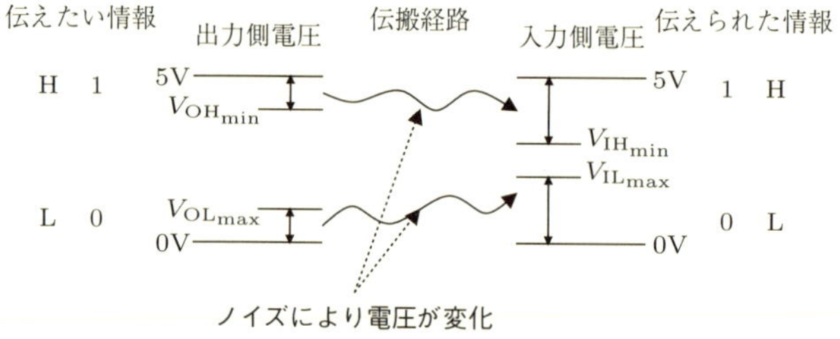

図 1.2 ディジタル信号の伝搬 (動作電圧が 5V の場合)

図 1.2 には，動作電圧が 5V と表記してある．動作電圧とは，H レベルの電圧値を決定する値である．動作電圧はディジタル素子の構成方法によって異なるが，TTL (transistor transistor logic) と呼ばれる素子では 5V であり，多くの場合は電源電圧と等しい．

1.2.2 ディジタル回路の真理値と論理演算

ディジタル回路では，電圧の高低を用いてディジタル表現を行う．一方，ブール代数においては，真理値に '真と偽' や '1 と 0' を用いていた．ここで単純に

'1' を 'H' に，'0' を 'L' に対応付けるかというとそうではなく，反対の対応付けも用いられる．しかも，ひとまとまりのディジタル回路の中で，部分的に '1' を 'H' に対応付けたり，'1' を 'L' に対応付けたりするのである[*9)]．そこで，'H' か 'L' かのどちらが '1' に対応するか (すなわち，意味があるか) を示すために，'1' に対応することをアクティブであるといい，'H' が '1' に対応することをアクティブハイ (active high)，'L' が '1' に対応することをアクティブロー (active low) といい分けられる．

ディジタル回路は，AND, OR, NAND, NOR, NOT という 5 つの基本的な論理演算素子を組み合わせて設計される．これら 5 種類は基本ゲート (gate) と呼ばれる．5 種類のうち NOT は 1 入力 1 出力のゲートであり，他の 4 種類は多入力 1 出力のゲートである．表 1.10 に 2 入力 (A, B) 1 出力 (Y) の AND, OR, NAND, NOR ゲートおよび 1 入力 (A) 1 出力 (Y) の NOT ゲートの真理値表を示す．

表 1.10 2 入力 AND，2 入力 OR，2 入力 NAND，2 入力 NOR，NOT の真理値表

AND

A	B	Y
L	L	L
L	H	L
H	L	L
H	H	H

OR

A	B	Y
L	L	L
L	H	H
H	L	H
H	H	H

NAND

A	B	Y
L	L	H
L	H	H
H	L	H
H	H	L

NOR

A	B	Y
L	L	H
L	H	L
H	L	L
H	H	L

NOT

A	Y
L	H
H	L

1.2.3 MIL記号法

MIL 記号法 (Military Standard Specification) とは，ディジタル論理回路を表現するために定められた記号法である．表 1.11 に主要な 4 種類の記号を示す．これらを適切に配置し，適切に出力と入力とを実線で結ぶことによりディジタル回路が構成される．

---

*9) このように複雑なことをするのは，部品数を減らして安価に作成するため，消費電力を抑えるため，設計を簡単にするためなど，極めて現実的な理由による．

表 1.11　主要な 4 種類の記号

AND 	入力 (左側) がすべて H の時に，H を出力する (右側)．左側の点は，必要とする入力の数だけ信号線を引くことを意味している．
OR 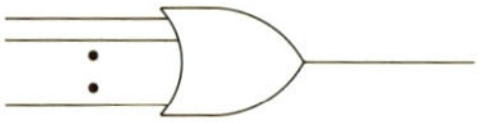	入力の少なくとも 1 つが H の時に，H を出力する．
BUFFER 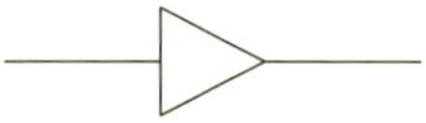	論理的な意味を持たない．電気的な駆動能力を上げるために用いられる．
ACTIVE-LOW 	ゲートの入力または出力の端子に付加することにより，その信号が L レベルに意味があることを示す．すなわち，信号がアクティブローの場合はその端子に丸印を付け，アクティブハイの場合は何も付けない．

これらの表記法を組み合わせて，先の 5 つの基本ゲートを表記すると図 1.3 のようになる．各ゲートともに上下 2 つずつ表記されていることに注意されたい．どちらも同じゲートを指しているが，上段は入力がアクティブハイの場合の表記であり，下段は入力がアクティブローの場合の表記である．ただし，通常は AND, OR, NOT に関しては上段の表記しか用いられない．

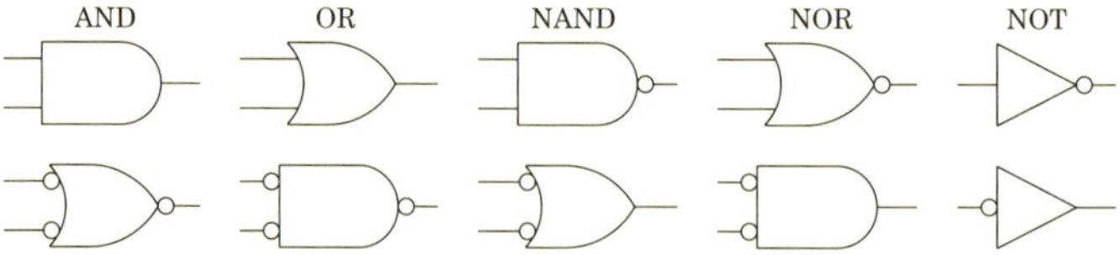

図 1.3　基本ゲートの MIL 記号表記

ところで，例えば TTL の 2 入力 NAND ゲートを持ってきて，入力端子を 0V のまま放置したら出力端子に 5V の電圧が自然発生するのかというと，そうではない．ゲートを動作させるには電源を供給する必要がある．以下に示すのは TTL の 2 入力 NAND ゲートが 4 つ入っている 7400 という IC の外見である．

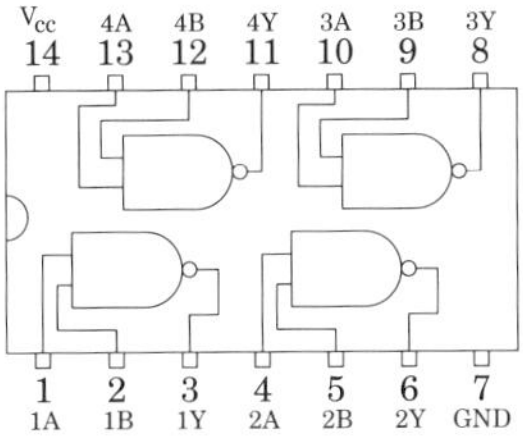

7番ピンにグランド GND (0V) を繋ぎ，14番ピンに電源 V_{cc}(5V) を供給することによって，はじめて内部の NAND ゲートが動作するのである．しかし回路図が複雑になるのを避けるため，MIL 表記法ではグランドと電源の配線を表記しない．

1.2.4　組み合わせ回路

組み合わせ回路とは，入力パターンが与えられると，一意の出力が決定されるディジタル回路のことである．入力パターンと出力パターンの組み合わせが与えられたとき，それを実現する組み合わせ回路は次の手順によって設計することができる．

1）入出力パターンを真理値表として書き表す

2）論理を簡単化する

3）MIL 記号を用いて回路図に書き表す

例として，以下に示す真理値表を実現する組み合わせ回路を設計してみよう．手順 1) は，すでに真理値表が与えられているので省略する．

表 1.12　3 入力 1 出力の組み合わせ回路の真理値表

A	B	C	Y
L	L	L	L
L	L	H	L
L	H	L	L
L	H	H	H
H	L	L	L
H	L	H	L
H	H	L	H
H	H	H	H

次に，手順 2) として論理を簡単化する．先のカルノー図を用いた簡単化手法を用いることにより，$Y = (A \cdot B) \vee (B \cdot C)$ を得る (各自試みられたい)．ディジタル回路の設計においては，ブール和が OR に対応し，ブール積が AND に対応する．そして，OR は $+$ と表記し，AND は省略するのが一般的であるから，$Y = AB + BC$ と表記する．

最後に，手順 3) として MIL 記号法を用いて回路図を書き表す．

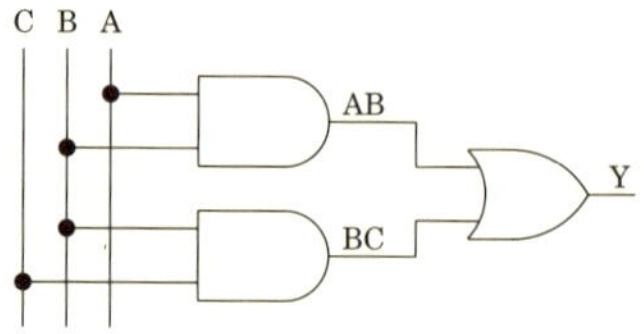

以上で所望の回路が得られるが，もう一工夫凝らすのが普通である．AB と BC を意味している配線をアクティブローにすることにより，3 つの基本ゲートをすべて NAND にするのである．

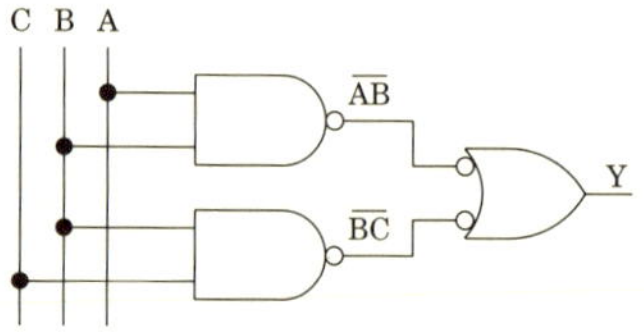

この工夫により，使用する IC の種類を減らすことができる．例えば先に紹介した 7400 には 2 入力 NAND ゲート 4 つがパッケージされているため，1 つの 7400 でこの回路を実現することが可能なのである[*10)]．すべて NAND に置き換えた論理回路は，式変形からも導くことができる．練習問題で紹介した $Y = \overline{\overline{Y}}$ を思い出して欲しい．これを上の論理式に適用し，ド・モルガンの法則を用いて式変形してみよう．

$$Y = \overline{\overline{Y}} = \overline{\overline{AB + BC}} = \overline{\overline{AB}\,\overline{BC}} \tag{1.13}$$

*10) NAND ゲートは簡単な回路で実現できる．このため，消費電力も少なく，応答速度が速く，しかも安価であるなどの利点がある．さらに集積回路に実装する場合には，使用面積が少なくて済むという利点もある．

明らかに 3 つの NAND 演算で構成されている.

問 1.6. 1.1.1 項で取り上げた 3 次元の多数決関数を，3 入力 1 出力の組み合わせ回路として設計せよ.

もう一例，加算器を設計してみよう．少し工夫を凝らすことにより，組み合わせ回路で足し算が実現できる．ここでは正整数を 2 進数で表現することとする．一般に n 進数の加算は，繰り上がり (carry) を考慮すれば桁ごとに独立して演算して構わない．そこで，ある桁の 2 進数の加算は，入力を A，B，加算結果を S, 下の桁からその桁への繰り上がりを C_{in}，その桁から上の桁への繰り上がりを C_{out} とすると，次のような真理値を実現すればいいことになる.

A	B	C_{in}	C_{out}	S
0	0	0	0	0
0	0	1	0	1
0	1	0	0	1
0	1	1	1	0
1	0	0	0	1
1	0	1	1	0
1	1	0	1	0
1	1	1	1	1

ここで出力が 2 つあることに注意されたい．このような場合，各出力ごとに論理式を導出する必要があるので，カルノー図も 2 つ描かなければならない.

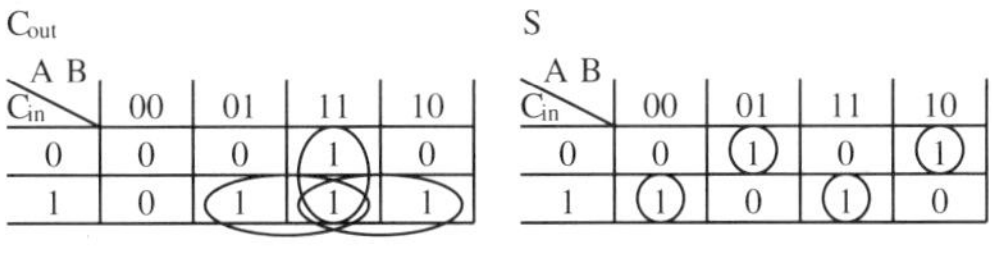

カルノー図より $S = \overline{A}\,\overline{B}C_{in} + \overline{A}B\overline{C_{in}} + ABC_{in} + A\overline{B}\,\overline{C_{in}}$，$C_{out} = AB + AC_{in} + BC_{in}$ となり，図 1.4 左の回路図が得られる．これを必要な桁数だけ繋ぎ合わせればよい．例えば 4 bit の 2 進数同士の加算器であれば，図 1.4 右のようになる．このような数珠繋ぎ式の加算器をリプルキャリー加算器 (ripple-carry adder) という．リプルキャリー加算器では桁数が多くなると，繰り上がりが下位の桁から上位の桁へと伝搬する時間が無視できなくなるため，桁数が多い場

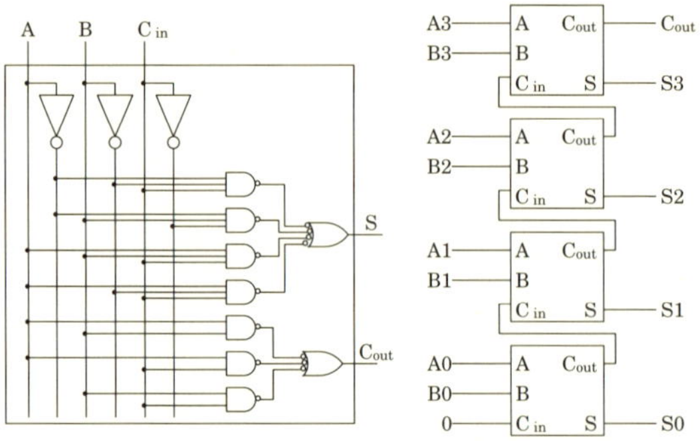

図 1.4　1 桁の加算器 (左) とリプルキャリー加算器 (右)

合は先に繰り上がりを計算してから加算を行う方式 (carry lookahead) が採用される．

1.2.5　順 序 回 路

順序回路とは，内部に状態を持ち，与えられた入力と内部状態とから出力が決定され，かつ，その出力を次の内部状態として保持する論理回路である．図 1.5 に順序回路の概略図を示す．順序回路は，内部状態を保持する部分と組み合わせ回路とから構成される．

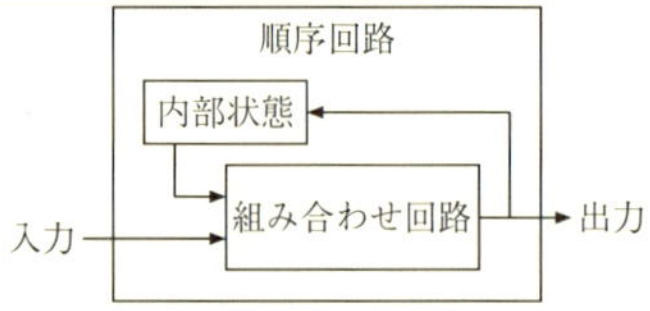

図 1.5　順序回路の概略図

内部状態を保持するための基本的な回路として，フリップフロップ (FF : flip flop)[*11)]が考案されている．フリップフロップは，その変化するタイミングに応じて，入力の変化に同期して出力が変化するもの (レベル動作) と，クロック[*12)]の変化に同期して出力が変化するもの (エッジ動作) とに分類することが

*11)　動作がシーソーのようにバタバタと動作するため，このような名が付けられた．2 つの安定状態を持つため bi-stable ともいわれる．

でき，前者をラッチ (latch)，後者を (狭義の) フリップフロップと呼ぶのが標準的である．ラッチもフリップフロップもさらに分類され，合計 4 種類に大別できる．ここでは，最も簡単な構造の RS ラッチと，よく使用される D フリップフロップについて述べる．

- 広義のフリップフロップ
  - ラッチ
    - RS ラッチ
    - D ラッチ
  - フリップフロップ
    - D フリップフロップ
    - JK フリップフロップ

図 1.6 フリップフロップの分類

a. RS ラッチ

RS ラッチは図 1.7 左上に示すように 2 つの NAND ゲートにより構成される簡単なフリップフロップである．$\overline{\mathrm{S}} = \mathrm{L}$ はラッチをセット ($\mathrm{Q} = \mathrm{H}$) し，$\overline{\mathrm{R}} = \mathrm{L}$ はリセット ($\mathrm{Q} = \mathrm{L}$) し，$\overline{\mathrm{S}} = \overline{\mathrm{R}} = \mathrm{H}$ は現在の状態を保持する．$\overline{\mathrm{S}} = \overline{\mathrm{R}} = \mathrm{L}$ という入力は $\mathrm{Q} = \overline{\mathrm{Q}}$ という矛盾した出力を引き起こすばかりか，その後 $\overline{\mathrm{S}} = \overline{\mathrm{R}} = \mathrm{H}$

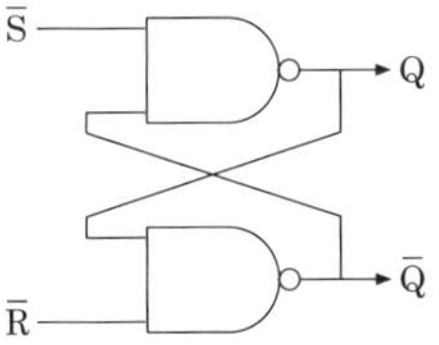

$\overline{\mathrm{S}}$	$\overline{\mathrm{R}}$	Q	$\overline{\mathrm{Q}}$	
L	H	H	L	セット
H	L	L	H	リセット
H	H	前の状態を保存		
L	L	H	H	→禁止状態

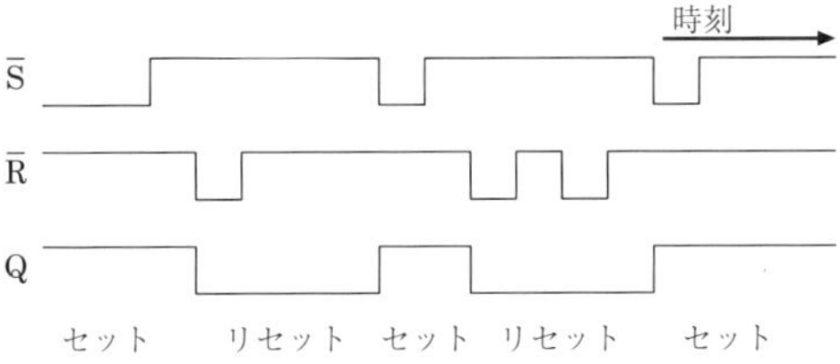

図 1.7 RS ラッチの回路とタイミングチャート

---

*12) クロックとはディジタル回路中の時刻進行を決定するための信号である．コンピュータなどでは水晶発信子を用いて正確な周期の方形波が用いられるが，一般には任意のディジタル入力で構わない．

にしても出力が H でも L でもない状態 (メタステーブル，meta stable) がしばらく続いてしまうため，禁止されている．フリップフロップは内部状態に依存して出力が決定されるため，動作を真理値表だけで表記することはできない．そこで，時刻とともに信号が変化する様子を示すタイミングチャート (timing chart) と呼ばれる表記が使用される．図 1.7 下に示すのが RS ラッチのタイミングチャートである．

b. D フリップフロップ

D フリップフロップには入力とクロック入力とがあり，クロックが変化した瞬間の入力の値を記憶し，出力し続けるフリップフロップである．図 1.8 左上に MIL 記号を，同図下にタイミングチャートを示す．

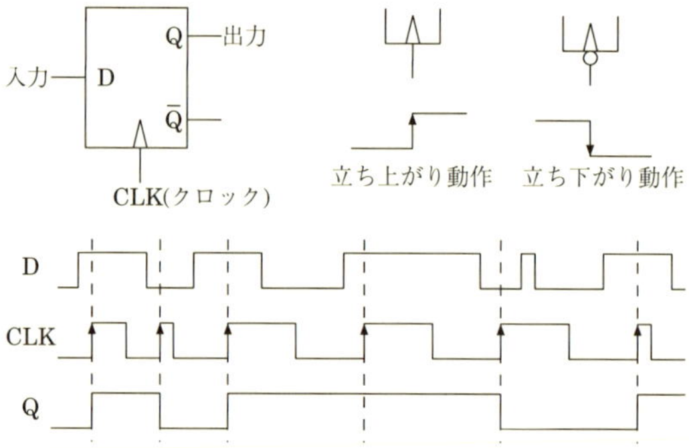

図 1.8 D フリップフロップの MIL 記号とタイミングチャート

クロックの立ち上がりの瞬間を記憶するものと，立ち下がりの瞬間を記憶するものとがある．それぞれ MIL 記号法では図 1.8 右上のように表記する．

c. 順序回路の設計

順序回路を設計するのに新たな設計方法が必要かというと，そうではない．図 1.5 を思い出して欲しい．順序回路の多くの部分は組み合わせ回路であるから，先の組み合わせ回路の設計手法が大いに役立つのである．この組み合わせ回路の入力は現在の状態と外部からの入力とからなり，出力は次の状態である．したがって，ある状態の時に何が入力されたらどの状態へ遷移するのかを表現する状態遷移図を用いるのが便利である．具体的な手順を以下に示す．

1）入力に対する内部状態の変化に着目し，状態遷移図を描く

2）状態遷移図から内部の組み合わせ回路の真理値表を描く

3）組み合わせ回路を設計する

4）内部状態を保持するフリップフロップを書き足す

例として3進カウンタを設計しよう．3進カウンタとは，入力 $S=1$ の時はクロックに同期して $1 \to 2 \to 3 \to 1 \to 2 \cdots$ というように数え，$S=0$ の時はクロック入力に関わりなく停止し続ける回路である．

手順1) として，状態遷移図を描く (下図左)．これは例えば，1を出力している状態において，$S=0$ なら同じ状態にとどまり，$S=1$ なら2を出力する状態に遷移することを意味している．

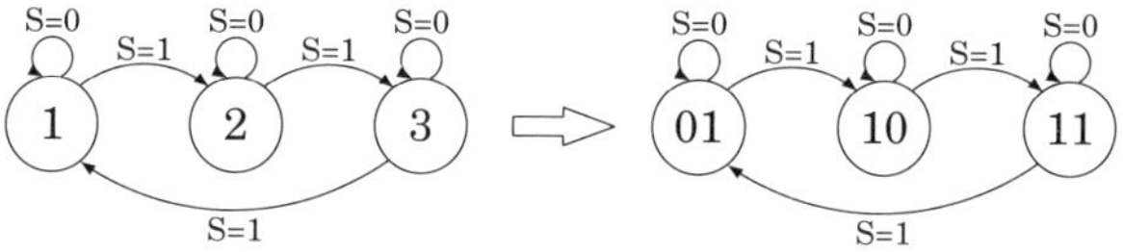

状態名1, 2, 3はそのままではディジタル回路で表現できないため，ディジタル回路で表現できるビット表現に書き換える (上図右)．ここでは各出力の値の2進数表現を用いるが，一般には出力の値と状態の値が同じである必要はなく，少ないビット数で表現することが大切である．

手順2) として，内部の組み合わせ回路を設計する．まず上記の状態遷移図から真理値表を作成する．これは状態遷移図内のすべての遷移 (矢印) を列挙すればよい．遷移元の状態を変数 C_1, C_0 (C_0 が0の位) で表すことにし，遷移先の状態を変数 C'_1, C'_0 で表すと，以下の真理値表を得る．

C_1	C_0	S	C'_1	C'_0
0	1	0	0	1
0	1	1	1	0
1	0	0	1	0
1	0	1	1	1
1	1	0	1	1
1	1	1	0	1

手順 3) として組み合わせ回路を設計する．カルノー図を用いて簡単化すると $C'_1 = C_1\overline{S} + \overline{C_0} + \overline{C_1}S$，$C'_0 = C_0\overline{S} + C_1S$ を得るから (各自確認せよ)，すべての基本ゲートを NAND に変更して，以下の回路図が得られる．ここで，C'_1 式右辺の第 2 項に AND がないため，AND と OR との間の配線をアクティブローにするために $\overline{C_0}$ から C_0 へ繋ぎ換えている点に注意されたい．

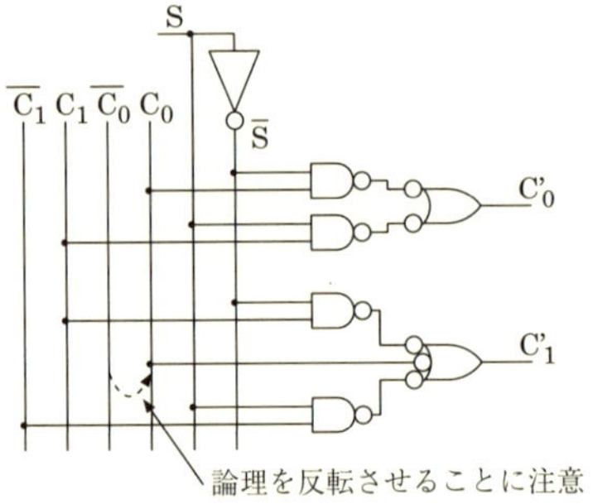

手順 4) としてフリップフロップを書き足す．状態が 2 bit で表現されているので 2 つの D フリップフロップを付け足す．出力変数 C'_1, C'_0 を各 D フリップフロップの入力 D に供給し，各 D フリップフロップの出力から内部変数 C_1, C_0 および $\overline{C_1}$, $\overline{C_0}$ を作り出す．クロックは外部から供給するようにすると，以下の回路図が得られる．

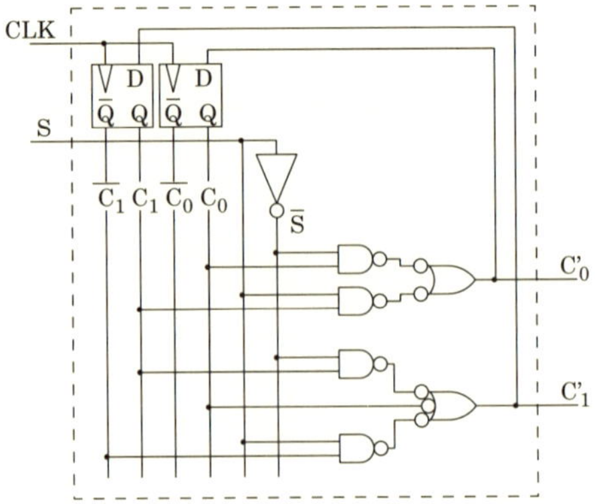

問 1.7. 4つの電球 A, B, C, D を横一列に並べ，A, B, C, D, C, B, ⋯ という順番で1つずつ点灯させることにより，左右にゆらゆらと移動するイルミネーションライトを作りたい．クロック CLK に同期して A, B, C, D の各電球の点滅を制御する回路を設計せよ．

1.2.6 バス

複数のディジタル回路からの出力を選択的に入力したい時を考える．例えば2つのディジタル信号 A, B のどちらかを選択する場合，図 1.9 のような選択回路を構成することになる．

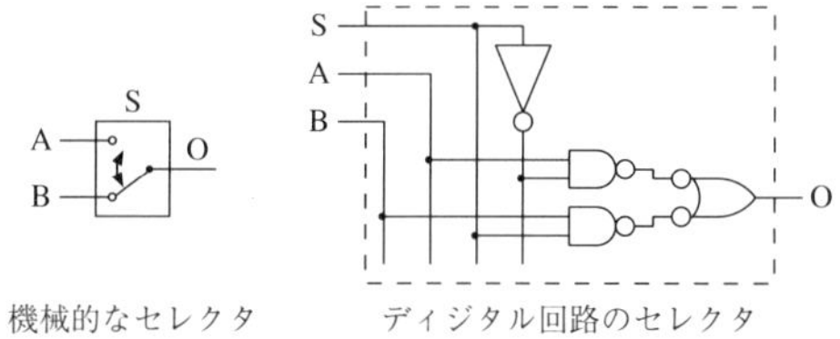

図 1.9 選択回路

このような選択回路は，ただ信号を選択するだけにもかかわらず，選択肢の数が増えると回路が複雑になる．また，選択肢の数を可変にすることも難しい．これらの問題を解決するために，バス (bus)[*13] が用いられる．バスとは，時間を分けて複数のディジタル回路の出力が流される図 1.10 のような信号線のことをいう．

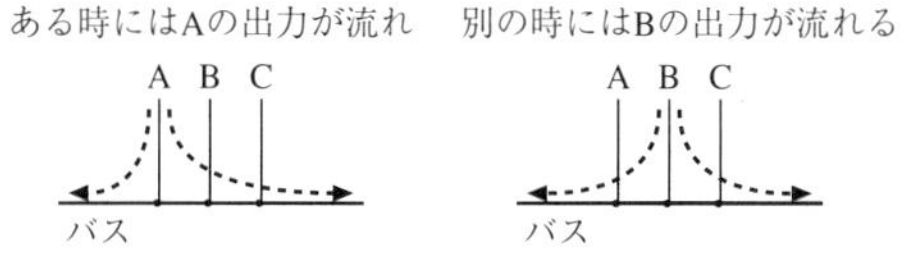

図 1.10 バスの概念図

---

*13) バスラインとも呼ばれる．

ここで2つの問題がある．第1の問題は，ディジタル回路の出力同士を接続してもよいのかという問題である．第2の問題は，どのようにして出力させるディジタル回路を決定し，他の回路が出力しないように排除するかという問題である．

a. オープンコレクタとトライステート

第1の問題の解は，オープンコレクタとトライステートである．1.2.1項において，ディジタル素子とはディジタル信号が確実に伝搬するように組み合わされたアナログ部品であると述べたが，TTL素子の場合，その出力形式が3通りある．

① トーテムポール形

普通にディジタル回路を組む場合に用いられる一般的な出力形式であり，以下のような回路で構成される．上下どちらか一方のトランジスタをONに，他方をOFFにすることにより，出力レベルが決定される．

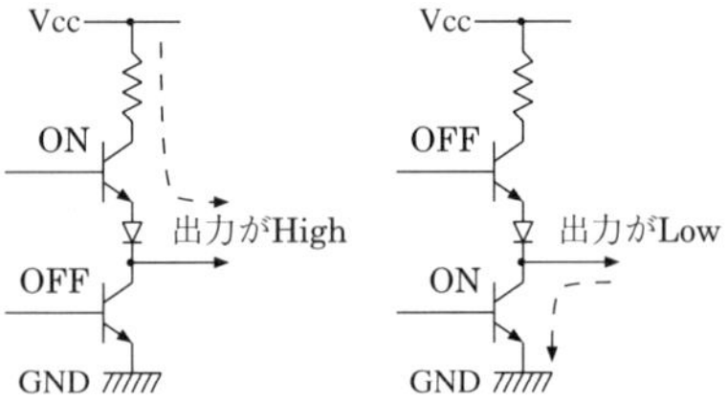

もし出力レベルの異なる2つのトーテムポール (totem pole) 形TTLの出力同士を接続すると，V_{cc}とGNDとが上の抵抗を介して接続されることになり，単に出力レベルが変な値になるだけでなく，発熱により壊れる可能性がある．このため，トーテムポール形TTLの出力同士を接続することは禁じられている．

② オープンコレクタ形

複数の出力を接続するため，パッケージ内の負荷抵抗を外に出して共通化できるようにしたもので，次図左のような回路で構成される．

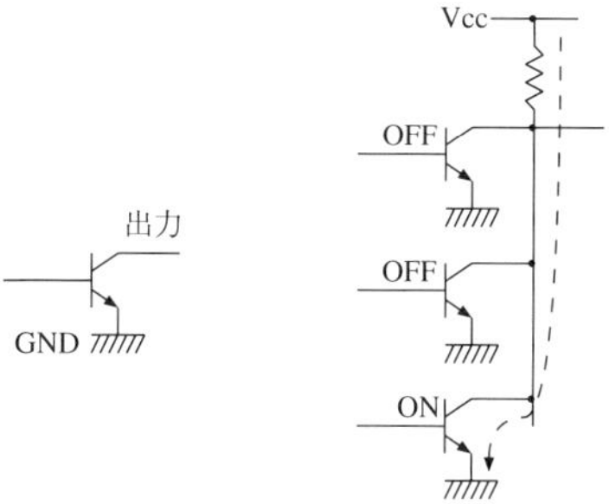

オープンコレクタ (open collector) 形の出力 3 つを接続し，負荷抵抗を付加したのが上図右である．どれか 1 つでも ON になれば出力は 'L' となり，すべてが OFF の場合のみ出力が 'H' となる．オープンコレクタ形の特徴は，高いレベルの電圧がかけられたり，駆動電流を大きくとれることなどであり，低インピーダンスで駆動できるため，長距離のバスに適している．

③ トライステート形

トライステート (tri-state) 形とは，文字通り 3 つの出力状態がある形式をいう．これは，'H' と 'L' の 2 状態の他に，ハイインピーダンス状態という，その出力端子を切り離した状態を実現したものである．この形式は，負荷抵抗を付ける必要がないため，回路がオープンコレクタ形式に比べて簡潔になるという利点があり，現在主流の記憶素子や PCI (peripheral component interconnect) バスなどに利用されている．欠点としては，もし 2 つ以上の出力が 'H' か 'L' かを出力した場合，トーテムポール形の出力同士を接続した時と同様に発熱したり，壊れる可能性がある．そのため，高々1 つの出力端子しか出力をしないことを保証する必要がある．

b. アービトレーション

どのようにして出力させるディジタル回路を決定して他を排除するか，という第 2 の問題の解は，バスアービタ (bus arbiter，調停者) を導入することである．アービタの手順には様々あるが，基本的には発言したい者に挙手をさせ (request)，挙手した者の中から何らかの方法により 1 名を選出し (arbitration),

指名して発言させ (grant)，発言を終わらせる (release)，というような手順 (arbitration protocol) である．詳しくは各種バスの規格を参照されたい．アービタを導入することにより，ある時間帯に高々1 名しか発言しないことを保証することができ，第 2 の問題が解消される．

これまで，ディジタル回路の動作原理から設計方法までを見てきた．これらはブール代数とコンピュータハードウェアの接点であり，コンピュータの様々な構成要素を設計する基礎でもある．ディジタル回路の設計方法に関する，より深い内容は，専門書を参照されたい[2,3]．次節ではハードウェアを学ぶが，ハードウェア内の各構成要素の機能を知ることにより，読者は頭の中でディジタル回路をイメージできるだろう．また，最新のハードウェアを手にした時，ディジタル回路を直感的にイメージできるようになれば，動作速度に関する妥当性，開発者の苦労や生産コストなども想像できるだろう．

1.3　プログラム内蔵型コンピュータ

ここでコンピュータの生い立ちを学ぼう．複雑そうに思えるコンピュータであるが，機能ごとに分割して考えれば単純な機能の集まりであることが分かる．

1.3.1　チューリング機械

チューリング (A. Turing) は，1936 年に理論上のコンピュータであるチューリング機械 (Turing machine) を発表した．チューリング機械は，図 1.11 に示すように升目が入った無限に続く紙テープと，プログラムと，プログラムにより動作する読み書きヘッドとから構成される．

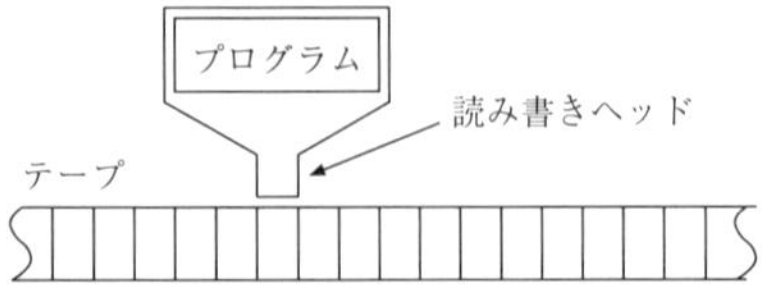

図 1.11　チューリング機械

ヘッドは，現在位置する升目に書いてある記号を読み出し，新たな記号をその升目に書き込み，左または右へ1升だけ移動する，という動作を繰り返す．プログラムは，読み出した記号に応じて，次に何を書き込むか，どちらへ移動するのかを決定する．紙テープ上の1つの升目には1つの記号しか記録できないが，上書きすることが可能であり，最後に書き込まれた記号だけが読み出せる．

チューリング機械の動作は，記号の有限集合を Σ (アルファベットともいう)，内部状態の有限集合を S (初期状態 s_0 と停止状態 s_t という2つの特別な状態を含む) とすると，以下の3つの関数で定義される．

$$m : S \times \Sigma \to \Sigma \ \ (\text{書き込む記号を決定する})$$

$$d : S \times \Sigma \to \{left, right\} \ \ (\text{移動方向を決定する})$$

$$\sigma : S \times \Sigma \to S \ \ (\text{状態を決定する})$$

これに初期状態とテープ T とを加えた (m, d, σ, s_0, T) により，チューリング機械が定義される．

ここで，プログラム自体も適切に記号化し，テープに記述することを考えると，別のチューリング機械をシミュレートすることが可能になる．様々なチューリング機械をシミュレートできる新たなチューリング機械のことを万能チューリング機械 (universal Turing machine) と呼ぶ．チューリングは1936年に「あるアルゴリズムによって計算可能な文字または自然数上の関数は，万能チューリング機械で計算できる」という仮説を唱えており (Turing's thesis)，後に証明もされている．チューリング機械は，一見，大したことのできそうにない機械である．しかし実際は，計算可能性 (問題の難しさの指標の1つであり，計算によって解けるかどうかということ) の基礎となった最初の機械であり，しかも計算可能性に関しては現在のコンピュータ (が無限に記憶容量を持つと仮定した場合) とまったく変わらないということは驚くべきことである．本書では，このような計算モデルに関しては，これ以上は取り扱わない．興味のある読者は，計算モデルに関する専門書を参照されたい[4)]．

1.3.2 ノイマン型コンピュータの誕生

エッカート (J. P. Eckert) とモークリー (J. Mauchly) による世界最初の汎用コンピュータ ENIAC (1946 年完成) は，ボードに配線を差し込みスイッチを動かすことによりプログラムを行っていた．すなわち，チューリング機械でいうならば，テープ上にはデータだけが書き込まれ，プログラムは配線などを用いて手作業でヘッド内に構築するという方式であり，極めて使いづらいものであった．一方，1945 年にノイマンが提案したプログラム内蔵の原理 (stored program principle，図 1.12) は，プログラムを数値として表現して計算データと同じ仕組みの中に (チューリング機械でいうならばテープ上に) 格納する方式であり，ENIAC の不便さを払拭するものであった．プログラム内蔵の原理を取り入れた最初の現実的なコンピュータは，1949 年にウィルクス (M. Wilkes) らによって開発された EDSAC であった．

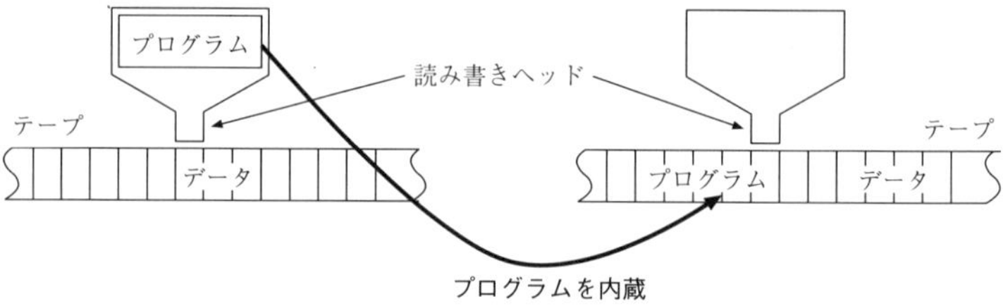

図 1.12 プログラム内蔵の原理

ノイマンの提案したプログラム内蔵の原理は画期的なものであり，この原理に基づくコンピュータはノイマン型コンピュータとも呼ばれるようになった．EDSAC から現在まで，安全性や処理速度を向上するための様々な技術が導入されてはいるが，基本的な仕組みはまったく変わっていない．現在あるスーパーコンピュータやパーソナルコンピュータ，ポケットサイズのゲーム専用機も，ほとんどのコンピュータはノイマン型コンピュータである．そこで次からは，ノイマン型コンピュータの簡潔なモデルを導入し，次第に高速化するための技術などを学んでいこう．

1.3.3 ノイマン型コンピュータのモデル

図 1.13 にノイマン型コンピュータのモデルを示す.

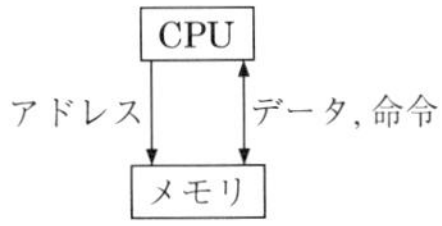

図 1.13 ノイマン型コンピュータのモデル

メモリとは，チューリング機械の紙テープに代わる記憶装置である．チューリング機械は，ヘッドが右か左かへ 1 升ずつしか移動できないため，プログラムとデータとをテープ上に共存させるにも，大量のデータを取り扱うにも不便であった．そこで升目の位置を指定して読み書きすることにより，その不便さを払拭したものがメモリである*14)．升目の位置を指定するには，アドレス (address) という数値 (番地という単位が用いられる) が用いられる．アドレスを指定して読み出すことができるが書き込むことができないメモリは ROM と呼ばれ，それに対して読み書きが可能なメモリは RAM と呼ばれる．一般にノイマン型コンピュータは RAM と ROM との両方を持つ場合が多く，両者をまとめてメモリと総称される (1.4.3 項参照).

メモリ内にはデータ (data) と命令 (instruction) とを記憶しておくことができる．中央処理装置 (CPU : central processing unit) は，処理を開始すると 0 番地の命令を読み出した後，以下の手順を繰り返し実行する.

1) 読み出した命令を解釈する
2) 命令を実行するためのデータを読み出す
3) 命令を実行する
4) 実行結果を書き込む
5) 次の命令を読み出す

この繰り返しは命令サイクル (instruction cycle) と呼ばれる.

どのような命令が使用可能か，そしてそれらの命令がどのような数値として

*14) 対語として，紙テープのように順番にしか読み書きできない記憶媒体は逐次型メモリ (SAM : sequential access memory) と呼ばれる.

表現されるかは中央処理装置に依存するのであるが，本節では直感的に理解できるように仮想的な命令を用いて例示している．例えば図 1.14 の矩形内は，$(A + B) \times C$ を計算するプログラムとデータとが格納されたメモリ配置図である．ノイマン型コンピュータにこのプログラムと A, B, C の各値とを与えると，次のように動作する (図 1.14 右)．

アドレス	メモリ内容	命令の意味
0	add　3,4,6,1	A と B とを読み出して，加算した結果を 6 番地へ書き込む 次の命令は 1 番地にある
1	mul　5,6,7,2	C と (A+B) とを読み出して，乗算した結果を 7 番地へ書き込む 次の命令は 2 番地にある
2	halt	停止する
3	A	変数 A の値を格納しておく領域
4	B	変数 B の値を格納しておく領域
5	C	変数 C の値を格納しておく領域
6		作業領域 (work area)
7		計算結果が格納される領域

図 1.14　メモリ中のプログラムとデータ

まず 0 番地の命令を読み出す．この命令は,「3 番地と 4 番地との内容を加算した結果を 6 番地へ書け，次の命令は 1 番地にある」と解釈されることにしよう．この命令に従って A と B との加算を実行し，結果を 6 番地へ書き込む．次に 1 番地の命令を読み出し，命令に従って C と 6 番地に入っている $A + B$ との乗算を実行し，結果を 7 番地へ書き込む．同様に 2 番地の命令を読み出すと停止命令であるから停止する．以上のように，プログラムとして与えられた命令列を 1 つずつ順番に実行 (逐次実行) していくのがノイマン型コンピュータの基本動作である．

“add 3,4,6,1” などと表現されている命令は，オペコード (操作, OPCODE, operation code) とオペランド (操作対象, operand) とから構成されることに注目されたい．この例では，“add” がオペコードであり，“3,4,6,1” がそれぞれオペランドである．オペコードとオペランドの記述形式のことは命令形式 (instruction format) と呼ばれる．1 命令中のオペランドの数が多くなることは処理内容が複雑になることを意味し，中央処理装置の作成を困難にさせる要因になる．そのため，処理の多彩性を維持しつつオペランドの数を減らすための工夫が行われている．それがレジスタとアドレス方式の導入である．

1.3.4 レジスタとアドレス方式

プログラムを書く際，命令ごとに次に実行すべき命令が存在するアドレスを指定するのは無駄だと考えたノイマンは，次に実行すべき命令がどのアドレスに格納されているかを示すカウンタ (PC : program counter) を中央処理装置に内蔵させ，命令を実行するたびにカウンタを 1 ずつ進めることを考案した (図 1.15).

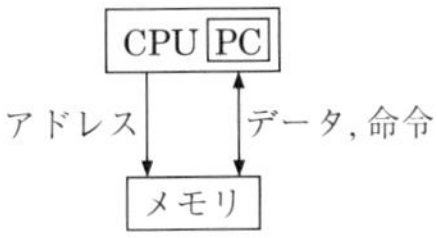

図 **1.15** プログラムカウンタの導入されたノイマン型コンピュータ

プログラムカウンタの導入により，先のプログラムは図 1.16 のように表現できるようになり，オペランドの数を 1 つ減らせていることが分かる．

アドレス	メモリ内容
0	add 3,4,6
1	mul 5,6,7
2	halt
3	A
4	B
5	C
6	
7	

図 **1.16** プログラムカウンタを用いたプログラムとデータ

プログラムカウンタのように中央処理装置内に配置された記憶領域のことをレジスタ (register) という．ノイマンはプログラムカウンタをレジスタとして用意することを発案したが，その後も中央処理装置の進化とともに様々な用途のレジスタが実現され，またレジスタを用いた様々なアドレス方式 (アドレスを指定する方式) が実現されてきた．以下でこれらを順に説明する．

a. 累算器

累算器 (AC : accumulator) とは，演算対象や演算結果を記憶するレジスタである．累算器を用いた場合，演算結果の格納先と 1 つの演算対象の読み出し元とを指定する必要がなくなるため，オペランドの数が 2 つも減少される．単項演算子であればオペランドは不要になり，2 項演算子であればオペランドはもう一方の演算対象だけを指定すればよい．累算器を導入することにより，先のプログラムは図 1.17 のように書き換えられる．各命令が簡潔に表現されたことが分かる．

アドレス	メモリ内容	命令の意味
0	load 5	A を累算器に読み出す
1	add 6	累算器の内容に B を加算する
2	mul 7	累算器の内容に C を乗算する
3	store 8	累算器の内容を 8 番地に書き込む
4	halt	停止する
5	A	
6	B	
7	C	
8		

図 1.17 PC と AC を用いたプログラムとデータ

累算器を導入するとオペランドの数を減らせるのは事実であるが，より現実的な利点は他にある．それは，メモリのアクセス回数 (読み書きする回数) を減らせることである*15)．一般に中央処理装置からメモリへのアクセスはレジスタへのアクセスに比べて何倍もの時間がかかるため，メモリのアクセス回数を削減することは直接的に計算時間の短縮に繋がる．レジスタを有効に利用することは，コンピュータを有効に利用するための有効な手段の 1 つなのである．

問 1.8. A から J までの 10 個の数値の合計を算出して K に保存するプログラムを例に，図 1.16 方式と累算器方式とのメモリアクセス回数を比較せよ．ここでメモリアクセス回数は，例えば図 1.16 方式の 0 番地の命令では，a. 命令を読み出す，b. 3 番地を読み出す，c. 4 番地を読み出す，d. 6 番地に書き込む，の合計 4 回と数える．

*15) 上記の例は問題が簡単であるため，メモリのアクセス回数を削減できていない．

b. スタックポインタ

一般にスタック (stack) とは積み重ねることを意味するが，コンピュータの分野ではデータを積み重ねる仮想的な記憶装置を意味する．図 1.18 を参照されたい．スタックに新たなデータを積み重ねると (記憶させると)，以前に入力されたデータは下方に押し下げられ，最後に入力したデータが一番上に積まれる．データを取り出す (読み出す) 際には，一番上から順に取り出される．スタックは，最後に入れられたデータが最初に取り出されるため，LIFO (last in first out, 後入れ先出し) とも呼ばれる[*16]．スタックにデータを積み重ねることをプッシュ(push) といい，データを取り出すことをポップ (pop) という．

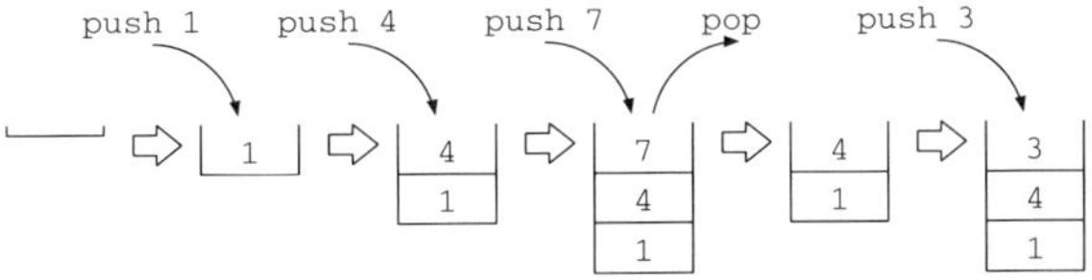

図 1.18 スタックの動作

スタックは，順序を逆にすることができる便利な機構である．例として，括弧付きの数式を括弧なしで表現し，演算する方法を取り上げよう．この方法は，一部の電卓にも採用されている[*17]．スタックを用いた 2 項演算子は，スタックから 2 つの数値を取り出して演算し，演算結果をスタックに積む．したがって $(a+b)\times(c-d)$ を実行する場合，`a b + c d - *` と入力することにより，括弧を用いることなく計算することができる (図 1.19).

このような数式の表現は，提案者ウカシェヴィッチ (J. Łukasiewicz) がポーランド人であったことに由来して逆ポーランド記法 (reverse Polish notation)[*18] と呼ばれる (ポーランド後置記法とも呼ばれる)[*19].

スタックをノイマン型コンピュータのメモリ内に仮想的に実現するために，

---

*16) 逆に FIFO (first in first out, 先入れ先出し) を実現する記憶構造もあり，これはキュー (queue) と呼ばれる．

*17) 例えば Hewlett-Packard 社の HP-15C など．

*18) 逆ではないポーランド記法もある．

*19) これに対し，普段われわれが用いている表記法は，2 つの演算対象 (被演算子ともいう) の間に演算子を置くため，中記法と呼ばれる．

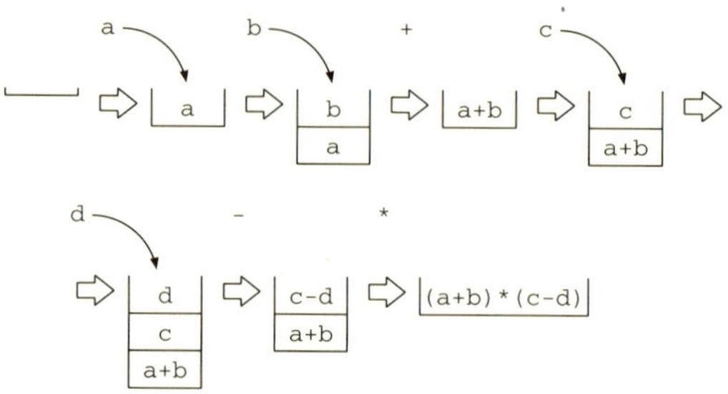

図 1.19 スタックを利用した数式演算

スタックポインタ (SP : stack pointer) と呼ばれるレジスタが考案された．図 1.20 を参照されたい．スタックポインタにはスタックの一番上のアドレスが格納されている．中央処理装置がプッシュ命令を実行すると，まずスタックポインタの値を 1 だけ減じ，次にスタックポインタの指し示す[*20)]メモリに値を書き込む．反対にポップ命令を実行すると，まずスタックポインタの指し示すメモリから値を読み出し，次にスタックポインタの内容を 1 だけ増す．このようにして，スタックポインタを用いることにより，ノイマン型コンピュータ内にスタックが実現される．

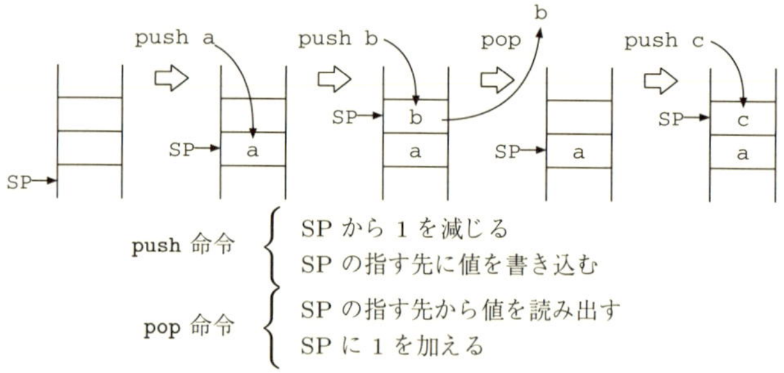

図 1.20 スタックポインタによるスタックの実現

c. アドレス方式

図 1.14 に示した例では，6 番地などと直接的にアドレスを指定していた．一方，図 1.20 に示したスタックポインタの例では，スタックポインタというレジ

*20) 値をアドレスと解釈することにより間接的にメモリのアドレスを指定すること．

スタに格納されている値をアドレスと解釈することにより，間接的にアドレスを指定していた．このように，アクセスするメモリのアドレスを指定するにはいくつかの方式が提案されており，これをアドレス方式 (addressing) という．命令中でアドレスを直接指定する方式は直接アドレス方式 (direct addressing) といい，スタックポインタのようにレジスタやメモリなどの値を用いて間接的にアドレスを指定する方式を間接アドレス方式 (indirect addressing) という．間接アドレス方式には，さらに多くの方式が存在する．表 1.13 に Intel 社の 8086 から PentiumPro までに共通するアドレス方式を示す．なお，命令中にデータをそのまま書き込む方式は，直値 (即値) 方式 (immediate addressing)*21) と呼ばれている．

複雑なアドレス方式が導入された理由は 2 つある．第 1 の理由は，レジスタのビット幅よりもメモリ空間が広い時代の工夫であった．例えばレジスタが 16 bit 幅しかないのに，20 bit のメモリ空間を取り扱えるようにするために，セグメントレジスタを導入し，その値を 4bit 繰り上げて加算したのである (図 1.21).

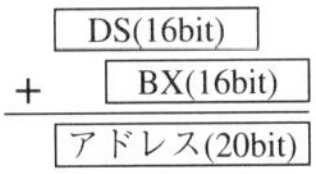

図 1.21 セグメントレジスタによるアドレス空間の拡張

第 2 の理由は，多彩なアドレス方式が用意されている方がプログラミングが楽になるだろうと考えられていたことである．複雑なアドレス方式を指定した命令が，簡単な命令に比べて 3 倍もの処理時間を要したという欠点や，中央処理装置内の回路が複雑になるという欠点を伴おうとも，利点が多いと考えられていたのである．

現在，上記 2 つの理由はそれぞれ大きな意味を持たなくなった．第 1 の理由は，32 bit や 64 bit の中央処理装置が主流となった現在ではまったく問題にならない．第 2 の理由は，コンパイラと呼ばれるプログラムの進歩により，処理速度を犠牲にしてアドレス方式を増やすよりも，アドレス方式を簡潔にしてで

*21) アドレスを指定しないため，日本語訳では “アドレス” が省かれている点が興味深い．

も処理速度を向上させた方がよいという考え方が広まったためである．そのため，過去の製品との互換性にとらわれない新型の中央処理装置では，アドレス方式は簡潔な方式だけに限定されている傾向がある．ここでは，これら様々な目的のためにもレジスタが有用であったことを分かっていれば十分であるので，詳しくはコンピュータアーキテクチャ関連の書籍に譲る．

表 1.13　様々なアドレス方式の例

アドレス方式	命令中の表現	実効アドレス
直値方式 値そのものを演算対象として指定	val	データ val
直接アドレス方式 アドレスを直接指定する	$[a]$	メモリアドレス a
レジスタアドレス方式 レジスタを演算対象として指定	reg	レジスタ reg
レジスタ間接アドレス方式 レジスタの値によりアドレスを指定する	$[reg]$	メモリアドレス reg
ベース索引アドレス方式 2 つのレジスタの値の和によりアドレスを指定する	$[reg1 + reg2]$	メモリアドレス $reg1 + reg2$
ベース相対アドレス方式 レジスタの値に直値を加えてアドレスを指定する	$[reg + a]$	メモリアドレス $reg + a$
ベース相対索引アドレス方式 直値に 2 つのレジスタの値を加えてアドレスを指定する	$a[reg1 + reg2]$	メモリアドレス $a + reg1 + reg2$
スケール索引アドレス方式 reg2 を 2,4,8 byte 単位と考えたベース索引アドレス方式	$[reg1 + a \times reg2]$	メモリアドレス $reg1 + a \times reg2$

d. フラグレジスタとカウンタレジスタ

フラグレジスタとは，命令を実行した際の状況 (status) を提示するレジスタである．状況とは，例えば 0 で割り算を行った場合や加算を実行した結果として桁あふれをした場合，演算結果が 0 になった場合などである．演算を行った後にフラグレジスタの値を参照することにより，期待通りに演算が行われたかどうかの判断を行うことが可能になる．

カウンタレジスタはループ命令によって参照される．ループさせる回数をあらかじめカウンタレジスタに格納してから当該ループ命令を実行すると，カウンタレジスタの値を 1 ずつ減じながら実行を繰り返し，カウンタレジスタの値が 0 になった時点でループを抜け出すようになる．

e. レジスタ構成

以上から，中央処理装置内に様々なレジスタを配備することにより，メモリのアクセス回数が減少できたり，仮想的なスタックが実現されたり，様々なアドレス方式が利用できるなどの利点が生じる．こうして，ノイマンの発案したプログラムカウンタを端に発し，現在では様々なレジスタが中央処理装置に内蔵されるようになったのである．本節の最後に，参考のため Intel 社の中央処理装置 80386*22)のレジスタ構成を示す．

なお, SPARC International 規格の UltraSPARC などの RISC*23)では，様々な用途に用いることができるレジスタを多く実装している．このような多目的なレジスタを汎用レジスタという．例えば，r16 というレジスタは，累算器にも使用できるし，レジスタ間接アドレス方式のためのアドレスレジスタとしても使用できる．そのため，これらの名前や用途を覚える必要はなく，どれほどの数のレジスタが配備されているのかという感覚をつかんでおけば十分である．

表 1.14 Intel 社製の中央処理装置 80386 以降のレジスタ構成

レジスタ名	用途	
EAX(32 bit)	Accumulator	(16 bit として AX, 8 bit として AH や AL が使用可能)
EBX(32 bit)	Base Index	(16 bit として BX, 8 bit として BH や BL が使用可能)
ECX(32 bit)	Counter	(16 bit として CX, 8 bit として CH や CL が使用可能)
EDX(32 bit)	Data	(16 bit として DX, 8 bit として DH や DL が使用可能)
ESP(32 bit)	Stack Pointer	(16 bit として SP が使用可能)
EBP(32 bit)	Base Pointer	(16 bit として BP が使用可能)
EDI(32 bit)	Destination Index	(16 bit として DI が使用可能)
ESI(32 bit)	Source Index	(16 bit として SI が使用可能)
EIP(32 bit)	Instruction Pointer	(16 bit として IP が使用可能)
EFLAGS(32 bit)	Flags	(16 bit として FLAGS が使用可能)
CS(16 bit)	Code Segment	
DS(16 bit)	Data Segment	
ES(16 bit)	Extra Segment	
SS(16 bit)	Stack Segment	
FS(16 bit)	Extra Segment	
GS(16 bit)	Extra Segment	

*22) Intel 社は可能な限り互換性を保ちながら新製品を設計しており，近年の Pentium III でさえこれらのレジスタ構成は同じである．

*23) reduced instruction set computer の略で，命令を吟味限定することにより速度向上を目指した中央処理装置．対語として，RISC ではない中央処理装置は CISC (complex instruction set computer) と呼ばれる．

1.4　コンピュータのハードウェア構成

ここでは，1.2 節のディジタル回路の内容と，1.3 節のノイマン型コンピュータの内容とを元にして，現実のコンピュータのハードウェア構成について見ていこう．

1.4.1　ハードウェア構成の概観

基本的なノイマン型コンピュータのハードウェア構成の概観を図 1.22 に示す．

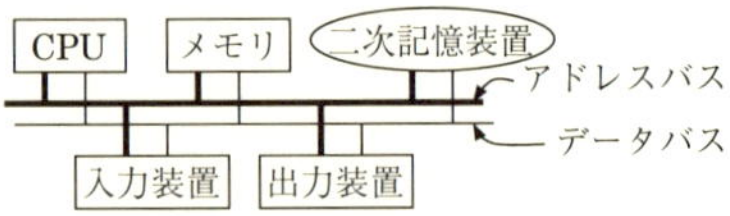

図 1.22　ハードウェア構成の概観

中央処理装置 (CPU) とメモリとは，チューリング機械から由来するコンピュータの基本要素であり，これらなしにコンピュータは成り立たない．しかし，これらだけでは外界とのやりとりができないため，存在価値がない．キーボードなどの入力装置やディスプレイなどの出力装置も基本要素として列挙されるものである．これら 4 要素と，要素間でのデータのやりとりを可能にするためのバス (図 1.22 ではアドレスバスとデータバス) が，最低限のコンピュータハードウェア構成といえよう*24)．マイコン炊飯器などを構成しているコンピュータは，中央処理装置とメモリに操作スイッチや温度センサなどの入力装置，炊飯回路などの出力装置が接続された最も簡潔なコンピュータの一形態である．

1.4.2　中央処理装置とプロセッサ

中央処理装置は，情報の処理を直接司るコンピュータの頭脳である．当初は 1 台のコンピュータには 1 台の中央処理装置を用いるのが常であったが，近年では 1 台のコンピュータ内に複数台を装備した並列コンピュータも出現している．そのような場合，「中央 (central)」という言葉が不適切であるため，CPU

*24) ディジタル回路と同様に，電源回路は除いて考える．

から先頭の C を取り除いて PU と呼ばれたり，プロセッサと呼ばれる*25)．以下では，コンピュータの構成要素として個数に関わらない表現をするためにプロセッサと表現する．

プロセッサは，1 つの LSI としてパッケージ化されているのが普通である．各種レジスタと演算装置など*26)がパッケージ内に集積されており，パッケージの外側には動作エネルギーを供給するための電源端子，アドレスを指定するためのアドレス端子，データを読み書きするためのデータ端子，各種の制御信号用端子 (読み出しか書き込みかを選択するための R/W 端子，クロック端子，割り込み端子，リセット端子など) を備えている．図 1.23 にプロセッサの概観を示す．

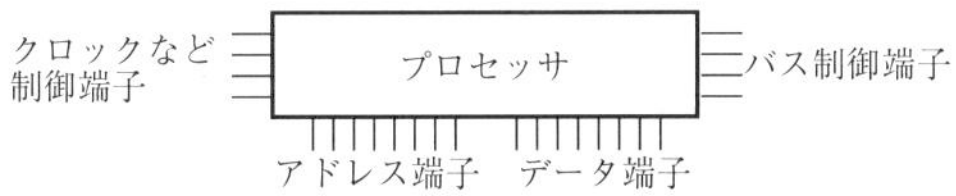

図 1.23 プロセッサの概観

これらの端子がどのように用いられるかを，命令サイクルごとに見ていこう．1.3.3 項で示した命令サイクルは，プロセッサ中にレジスタが存在しない特殊な場合のものであり，より一般的なプロセッサの場合の命令サイクルは，以下の 3 手順の繰り返しになる．

1）命令の読み出し

アドレス端子に，実行すべき命令のあるアドレス (すなわちプログラムカウンタの値) を出力し，データ端子から命令を受け付ける．

2）命令の解釈

受け付けた命令を解釈するが，内部の処理であり端子には何の変化もない．

3）命令の実行

命令の内容に応じた処理が行われる．命令の内容がメモリへのアクセスを伴う場合，読み出しか書き込みかに応じて以下が何度か行われる．複雑

*25) 処理装置と呼ばれることは少ないようである．

*26) メモリや I/O 装置も集積したプロセッサもある．

なアドレス方式を用いれば，それだけこの手順の動作内容が複雑になる．

- 書き込みの場合，書き込むアドレスをアドレス端子に出力し，書き込むデータをデータ端子へ出力する．
- 読み出しの場合，読み出すアドレスをアドレス端子に出力し，データ端子からデータを受け付ける．

プロセッサを外から見た時，データの読み出しか書き込みかが区別される必要があるため，それを提示する信号などがバス制御端子に含まれている．また，プロセッサを最初の状態に戻す (リセット) ための信号や，この命令サイクルを適切な速度で実行するためのクロック信号などが制御端子に供給される．

プロセッサには，語長 (word length または word size) が定められている．語長とは，そのプロセッサが 1 回の演算で取り扱いが可能なデータのビット幅である．最近主流の 32 ビットプロセッサであれば，32 bit のレジスタを備え，32 bit で表現される 2 つの整数を 1 命令で加算できる能力を持つ．プロセッサなどの製造上の理由から，語長は 2^n bit であることが一般的であり*27)，4 bit という小さな語長のプロセッサから，128 bit という大きな語長のプロセッサまで様々な語長のプロセッサが生産されている．語長とアドレスバスのビット幅とデータバスのビット幅とは必ずしも同じではないことに注意されたい．例えば Intel 社の Pentium は，語長は 32 bit であるが，データバスのビット幅は 64 bit であり，アドレスバスのビット幅は 36 bit である．

1.4.3　メ　モ　リ

メモリは大量のデータを記憶する装置の 1 つであり，アドレスという数値によってアクセスするデータを指定できることが特徴である．また，メモリは，ほぼ命令サイクルごとにアクセスされるため，そのアクセス速度が直接的に計算速度に影響を与える重要な要素である．

メモリは RAM (random access memory，読み書き可能メモリ)*28) と ROM (read only memory，読み出し専用メモリ) に分られる．ROM は，製造時に内容が決定されるマスク ROM (mask ROM) と特殊な方法によって書き込むことが

---

*27)　以前は 14 bit などという変則的なものも存在した．

*28)　RWM (read write memory) ともいう．

できるPROM (programmable ROM) とに分けられ，さらにPROMは一度だけ書き込むことができるヒューズROM，何度も書き換えが可能なEPROM (erasable PROM)*29)，電気的に書き換えが可能なEEPROM (electrically EPROM) などに分けられる．またRAMは，定期的に再充電 (refresh) が必要なDRAM (dynamic RAM)，電源さえ供給していれば記憶し続けるSRAM (static RAM)，電源を切っても記憶し続けるNVRAM (non-volatile RAM) に分けられる．

- メモリ
  - ROM
    - マスク ROM
    - PROM
      - ヒューズ ROM
      - EPROM
      - EEPROM
  - RAM
    - NVRAM
    - SRAM
    - DRAM

図 1.24 メモリの分類

図1.25にメモリの概観を示す．データを読み出す場合，アドレス端子にアドレスを指定することにより，データ端子に記憶されていたデータが出力される．書き込みの場合には，アドレスを指定するとともに制御端子に書き込みの旨を指示し，データ端子に書き込むデータを入力することにより書き込みが行われる．アドレス端子やデータ端子はバスに直結されることが多いため，普段はトライステートのハイインピーダンスとなって，必要な時だけ動作するように指示する信号*30)も，制御端子に含まれている．

図 1.25 メモリの概観

1.4.4 エンディアンとアラインメント

1つのアドレスに記憶されるデータは何ビットでもよいのであるが，現在は，

*29) 消去するには紫外線を照射しなければならない．
*30) chip enable などと呼ばれる．

わずかな例外を除いて 8 bit と決まっており，これをバイト (byte) と呼ぶ．ところで，プロセッサの語長は 1 byte よりも大きい場合がある．そのような場合，語長と等しい大きさのデータをメモリに読み書きする場合，一度に複数アドレスへアクセスすることになる．この時のアドレスと 1 語中の位置との対応付けには，アドレスの小さい方を上位ビット側に対応付ける方法と，アドレスの小さい方を下位ビット側に対応付ける方法との 2 種類があり，前者をビッグエンディアン (big endian)，後者をリトルエンディアン (little endian) と呼ぶ*31)．図 1.26 は，語長 32 bit の際のエンディアンの違いによるメモリアクセスの相違を示したものである．

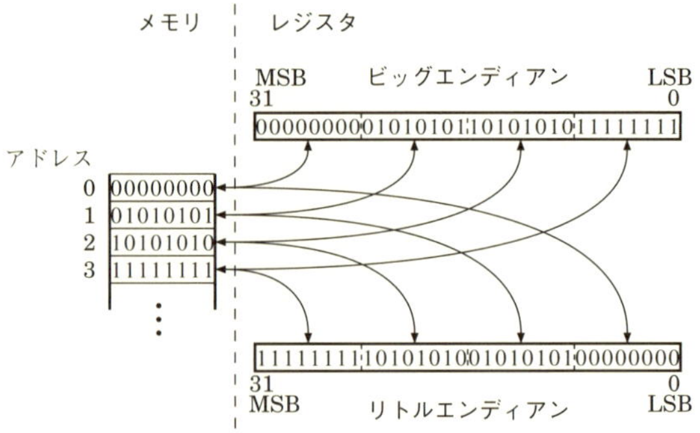

図 1.26 ビッグエンディアンとリトルエンディアン

エンディアンは処理装置により決められているのが一般的であり*32)，Intel 社のプロセッサや Compaq 社の Alpha シリーズなどのプロセッサはリトルエンディアンであり，Motorola 社のプロセッサや SPARC International 規格の SPARC などのプロセッサはビッグエンディアンである．

図 1.26 は，4 byte のデータがアドレス 0 から 3 に格納されている場合のバイト対応を示していた．あらゆる場合を想定するならば，あるアドレスが，レジスタの最上位バイト，中上位バイト，中下位バイト，最下位バイトのそれぞれに対応できるようにする必要があり，回路が複雑になる．そこで，例えば 4 byte

*31) 語源は，楕円な鶏の卵の細い端と太い端である．

*32) MIPS 社の R シリーズや IBM の PowerPC プロセッサなどのように，設定によりどちらにも変更可能なものもある．

のデータであればアドレスが4の倍数であるメモリから連続する4アドレス(すなわちアドレスの下位2 bit 以外が同じアドレス)にしか格納しないという取り決めを行い，その他の場合の回路を省略することにより，回路を簡潔にできアクセス速度が遅くなるのを防ぐことができる．この取り決めのことをアラインメント (alignment) という．図1.27に「32 bit データは4 byte 単位で配置せよ」と指定された際に許される配置を示す．

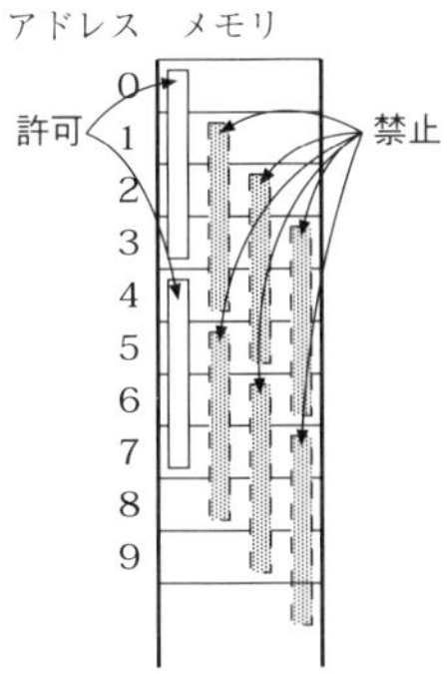

図 1.27 4 byte アラインメント時に許される 32 bit データの配置

もし，この取り決めを違反してアクセスしようとした場合，プロセッサはそれを検出してエラー[*33]を発生する．プロセッサは，一般に最大でデータバス幅までのデータを同時にアクセスすることが可能であるが，ここでの例のように 32 bit でアクセスする場合の他，16 bit や 8 bit などでアクセスすることも可能である．32 bit データは 4 byte アラインメント，16 bit データは 2 byte アラインメントなどとそれぞれ指定される．プロセッサの事情以外にも様々な要因がアラインメントを指定する場合があり，ハードウェアを直接操作する場合などには配慮しなければならない重要な事柄である．

問 1.9. 自分が利用するコンピュータのエンディアンを調べるにはどうしたらよいか考えよ．

問 1.10. エンディアンの異なるコンピュータで書き出された 32 bit の int 型

*33) バスエラー (bus error) などと呼ばれる．

データを読み込むにはどうしたらよいか考えよ.

1.4.5　バ　ス

プロセッサとメモリとは，それぞれ1つのハードウェア単位として見ることができることを示してきた．コンピュータを構成するには，それらが情報のやりとりを行えるように接続する必要がある．最も簡単な接続方法は，図1.22のようにバス結合することである．バスとは，1.2.6節で述べたように，時間を分けて複数のディジタル回路の出力が流される信号線のことである．プロセッサはデータ端子をデータの読み出しにも書き込みにも利用する．メモリもデータ端子を読み出しと書き込みの両方に利用する．双方向の通信を簡単に実現するには，バス結合が最も簡単なのである．

バスに複数のディジタル信号が時間を分けて流されることを見ておこう．図1.28に，書き込み命令を実行する1命令サイクルにおけるタイミングチャートの一例を示す．1.4.2項の命令サイクルと併せて参照されたい．

図中，バスが上下に広がって「命令アドレス」や「命令データ」と書いてある箇所は，バスにデータが流れている状態を示す．一本線の箇所は，トライステートのハイインピーダンス状態であることを示す．読み出しか書き込みなのかを示す信号など各種制御信号も併せて表記するのが普通であるが，ここでは簡単化のため省いている．

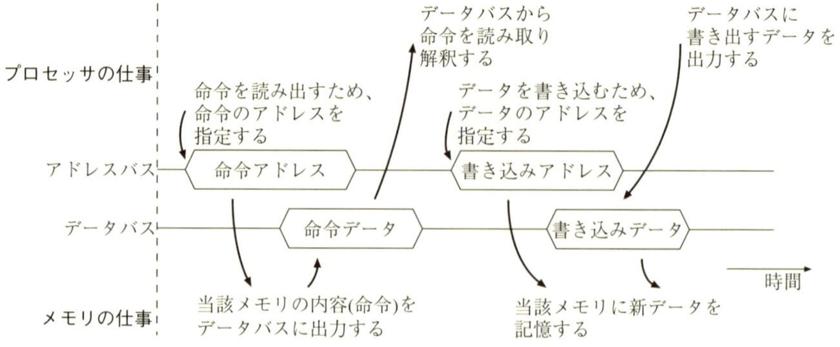

図1.28　バスのタイミングチャート

1.4.6 多 重 化

以前は1つのパッケージに多くの端子を装備することが困難であったため，1つの端子に複数の信号を割り当てて端子を共用していた．これを多重化 (multiplexing) という．例えば Intel 社の 8086 はアドレス 20 bit，データ 16 bit のプロセッサであるが，パッケージにはわずか 40 端子しかなかった．そのため，$A_{15} - A_0$ (アドレスの下位 16 bit) と $D_{15} - D_0$ (データ 16 bit) とを，それぞれ $AD_{15} - AD_0$ として多重化することにより，端子数を削減していた．図 1.29 は，多重化された端子からバスを生成する分配回路 (demultiplexer) である．

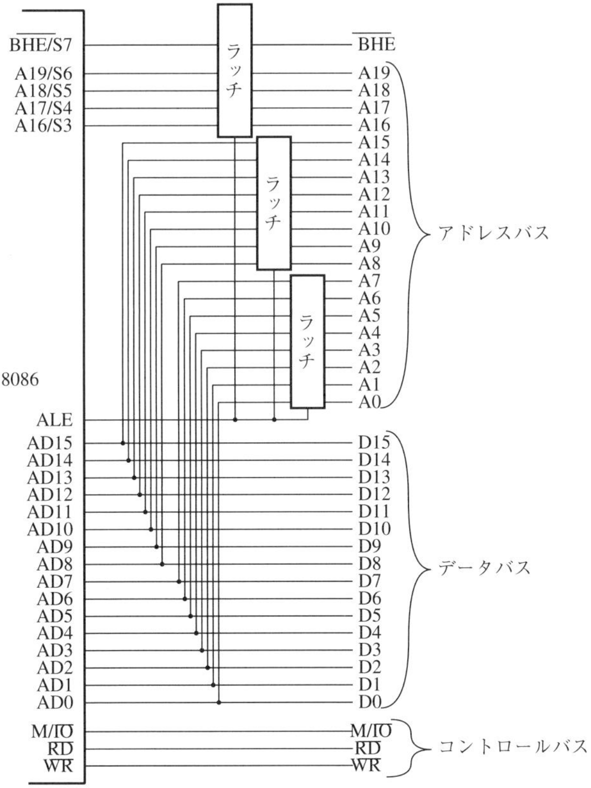

図 1.29 多重化された端子からバスへの分配

多重化された端子がアドレス信号を出力しているか，データ信号を出力しているかの判断はALE (address latch enable) 信号によって識別できるので，これをラッチのスイッチに用いることによりアドレスバスを分配することができる．

現在ではPGA (pin grid array) など新しい端子の形状が開発され，1つのパッケージに200以上の端子を取り付けることが可能になったため[*34)]，プロセッサの端子は多重化されていないことが多いが，多重化は配線を減らすための有効な手段として，現在でもPCIバスなど随所で用いられているため，覚えておいて欲しい．

1.4.7　入出力装置

人間からの指令を受け付けるためのキーボードやマウスなどの入力装置と，人間へ情報を提示するためのディスプレイやプリンタなどの出力装置とは，総称して入出力装置またはI/O (input/output，アイオー) と呼ばれる．

入出力装置へのアクセス方法には，その接続方法に依存してI/O専用の手順でアクセスする場合と，メモリと同様にアクセスする場合 (memory mapped I/O) との2種類がある (図1.30)．前者の場合，入出力装置へアクセスするには，そのアドレスに対して入出力命令を行えばよい．後者の場合は，そのアドレスに対してメモリと同様に読み出しを行うことにより入力が行われ，書き込むことにより出力が行われる．

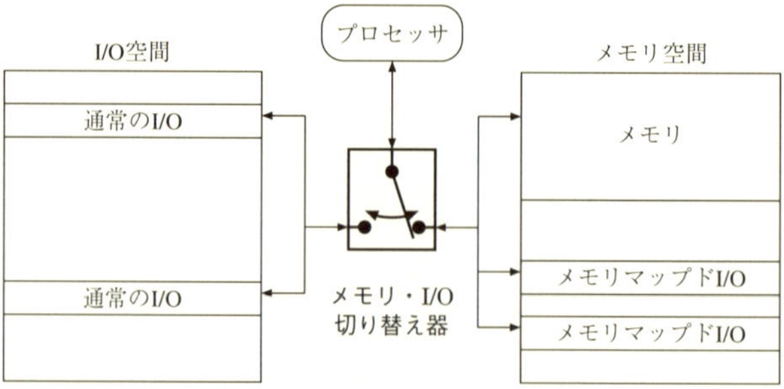

図1.30　メモリ空間とI/O空間

---

*34)　例えばIntel社のPentiumには，237もの端子がある．

すべての入出力装置はアドレスが重複しないように配置されている必要がある．しかし，I/O 空間とメモリ空間とは別々の空間であるから，メモリが存在するアドレスと同じアドレス値の I/O 空間に入出力装置を配置することは許されることに注意されたい．

1.4.8 2 次記憶装置

一般にメモリは高価であるため，必要十分な容量を用意することは現実的ではない．そこで，比較的安価なハードディスクやフロッピーディスクなどにデータを保存し，必要に応じてメモリへ読み込むのが一般的である．この時，これらメモリに比べて低速な記憶装置は 2 次記憶装置と呼ばれ，これに対してメモリは主記憶装置あるいは 1 次記憶装置と呼ばれる．マイコン炊飯器などの組み込み用コンピュータには，2 次記憶装置を装備していないものもあり，コンピュータの必須要素ではない．

1.4.9 仮想記憶装置

仮想記憶 (virtual memory) 装置とは，実際には存在しないメモリ空間を仮想的に実現する機構である．図 1.31 を参照されたい．実存するメモリにより構成される連続した物理記憶空間 (physical memory space) は，ページ (page) と呼ばれる単位に分割される[*35]．このコンピュータ上で複数のプログラム P_1，P_2 が実行されるとき，仮想記憶装置は独立した仮想記憶空間 (virtual memory space) を各々に提供する．仮想記憶空間は，必要な部分空間だけがページ単位で物理ページに対応付けられる (mapping)．すなわち，仮想記憶空間におけるアドレス (仮想アドレス) と，物理記憶空間におけるアドレス (物理アドレス) との対応付けを行うのが仮想記憶装置の役割である．

各プロセスの仮想記憶空間へのアクセスは，仮想記憶装置を通して物理記憶へのアクセスへと変換されて実行される．物理アドレスへの対応がなされていない仮想アドレスに対するアクセスはエラー[*36]を発生する．また，ページごとに，読み出し書き込みともに可能，読み出しは可能だが書き込み禁止，など

---

*35) 例えば 8 Kbyte 単位．

*36) セグメンテーションフォルト (segmentation fault) などと呼ばれる．

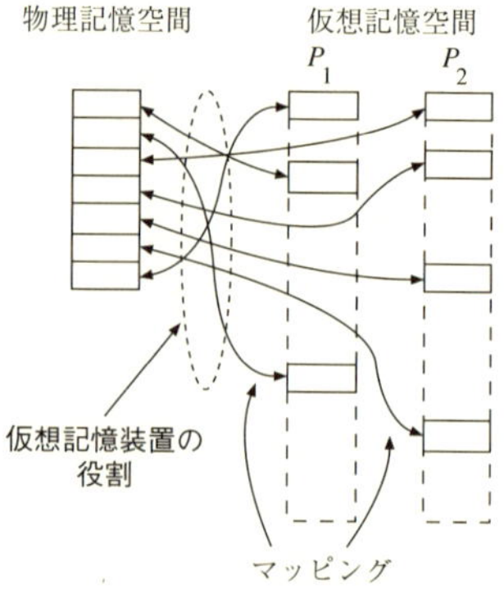

図 1.31　仮想記憶空間と物理記憶空間の対応付け

の属性を付加しておくことが可能であり，その属性を違反した際にもエラーを発生するようになっている．

以前の仮想記憶装置はプロセッサとバスとの間に配置されて仮想記憶空間と物理記憶空間とを橋渡しする専用の集積回路だったが，最近はプロセッサの 1 機能として一緒に集積されており，プロセッサの種類に応じて実現方法などが異なる．

仮想記憶は，メモリ保護の観点で特に有益である．1 つのプログラムが実行されるとき，そのプログラムは自分のメモリ空間だけにしかアクセスすることを許さない．そのため，プログラムやデータを他のプログラムに覗かれたり破壊されることを防ぐことができる．また，プログラム領域とデータ格納領域とを別々のページに配置して，プログラム領域を書き込み禁止の属性にしておくことにより，プログラムのミスによってプログラム自体を壊してしまうことを未然に防ぐことができる．

1.4.10　通信機構

一般に通信機構とは，通信回線を介してデータを相互交換する機構をいうが，コンピュータの分野においては，特に複数のコンピュータ間でデータを相互交換する機構をいう．通信機構は，コンピュータにとって必須な要素ではないが，近年われわれが接するコンピュータの多くは通信機構を持っており，必須要素に準じる重要な要素である．コンピュータ通信は広範な内容を含んでおり，本書では取り扱いきれないので，以下では特に通信機構中の主としてハードウェアにより実現されている通信回線に関してのみ簡単に述べるにとどめておく．詳しくは他の文献などを参照されたい[6]．

コンピュータの分野において通信回線とは，ディジタル信号を入口側から出口側へ伝える信号線のことをいい，一般には離れたコンピュータ間で用いられる回線である．離れているコンピュータ間に多くの信号線を敷設するのは現実的ではないため，一般には 1 対または 2 対など少数の信号線によって通信が実現されており，その信号線に流れる信号の種類により，ディジタル信号のまま伝送するディジタル回線と，アナログ信号にして伝送するアナログ回線とに分けられる (図 1.32)．

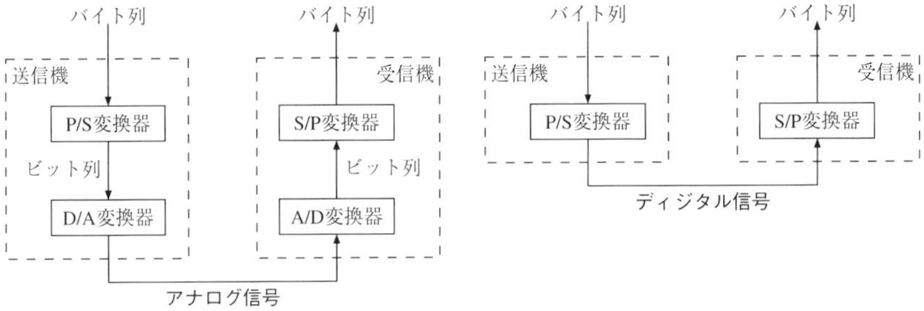

図 1.32 アナログ回線とディジタル回線との送受信機構成

どちらにしても，バイト単位のデータをバイト単位で伝送することはできないため，送信側でビット列 (bit sequence) に変換し，受信側でバイト列 (byte sequence) に戻すという変換が行われる．これが P/S (parallel/serial) 変換器，S/P (serial/parallel) 変換器の機能である．NTT 社の INS 64 などディジタル回線の場合には，このビット列をそのまま送信すればよいが，アナログ回線の場合には，さらに D/A (digital/analog) 変換器[*37]や A/D (analog/digital) 変換器が必要となる．一般に通信は双方向通信を意味する．双方向性を実現するために，送信機と受信機とが 1 つの装置として実現されているのが普通であり，

[*37] ディジタル信号からアナログ信号へ変換する装置．

例えばアナログモデムはアナログの送受信機から構成されており，ターミナルアダプタと呼ばれるディジタル回線用の端末装置はディジタルの送受信機から構成されている．イーサネット (Ethernet) などのネットワーク接続装置も，原理はまったく同じである．

複数バイトで 1 単位のデータを送受信する場合，先のエンディアンを揃えておく必要があることに注意されたい．一般にはビット列が MSB から LSB の順になるように送信することと決められているため，ビックエンディアンでメモリに格納されている場合にはアドレス昇順でそのまま送り，リトルエンディアンでメモリに格納されている場合には，逆順に変換する必要がある．

通信回線にはノイズがつきものであり，誤りなく伝送される回線はないといえよう．そこで実際の通信では，誤り訂正などを行うものも少なくない．例えば 1 byte=8 bit のデータをそのまま 8 bit のビット列にするのではなく，ビット数を増やすことにより誤り検出や誤り訂正を実現している．詳しくは符号理論や情報理論の文献を参照されたい．

1.4.11 ROM モニタ

プロセッサは，電源が投入されて起動したり，動作中にリセット信号が入力されると，特定の番地*38)から命令サイクルの実行を開始する．したがって，電源投入時にその番地から続く領域に何らかのプログラムが格納されていなければ，コンピュータは何もできないことになる．

そこで一般的には，電源投入時に必要となるプログラムが ROM 内に用意されており，起動番地以降に置かれている．このプログラムのことを BIOS (basic I/O system) あるいは ROM モニタという．汎用コンピュータであれば，ROM モニタは，他のプログラムを 2 次記憶装置などから RAM へロード (load)*39)したり，ロードしたプログラムを実行するなどの機能を持つ．

文献 5) は，内容は古いものの基礎的なコンピュータハードウェアに関しての記述が詳細である．文献 7,8) なども紹介しておく．

---

*38) プロセッサの種類ごとに決められているが，一般的には 0 番地である．

*39) 基本的にはコピーであるが，他の作業も伴う．3.4.1 項参照．

1.5 ハードウェアの抽象化

人間がコンピュータを使おうとしたとき，そのコンピュータがどのような構成なのか，すなわちどのような2次記憶装置があり，どのようなキーボードが繋がれており，どのようにすれば画面に表示ができるか，などを知らなければ使えないのでは不便である．そこで，人間から見て，ハードウェアを抽象的に取り扱うために仲介ソフトウェアを置くことが有用であろうと考えられた．それがオペレーティングシステムである．オペレーティングシステムは，人間がハードウェアの細かな違いを意識せずにコンピュータを利用できるようにするためのサービスプログラムである (図1.33参照)．その役割については，4.3節で詳しく述べるが，ここではハードウェアがどのような単位で抽象化されるかということだけ述べておく．UNIX系のオペレーティングシステム，Microsoft社のWindowsシリーズ，Apple Computer社のMacOSなどは，それぞれ細かな違いはあるものの，抽象化の単位はほぼ同じである．

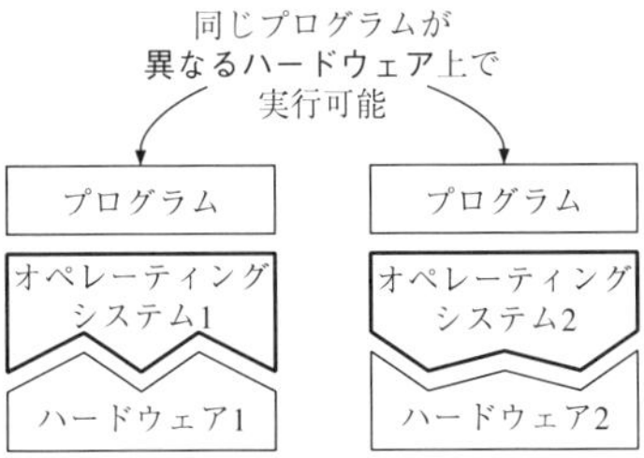

図 **1.33** オペレーティングシステムによるハードウェアの抽象化

1.5.1 プロセス管理

コンピュータが高価だった頃は，1台のコンピュータを複数の人間で共同利用するのが常であった．そのため，1台のプロセッサを複数の仮想的なプロセッサとして抽象化し，各プログラムの処理に割り当てる方法が考えられた．

いま，2つのプログラム P_1, P_2 を (仮想的に) 同時に実行したいとしよう (図1.34参照)．プロセッサは1つしかないので，実際に同時に実行することはできない．そこで，プロセッサの動作時間を分割して，ある期間は P_1 に専念し，他の期間は P_2 に専念するというように交互に少しずつ実行させることにする．1 回の期間が十分に短ければ，人間には複数のプログラムそれぞれが，プロセッサを占有して実行しているかのように見えるだろう．これがプロセッサの仮想化である．

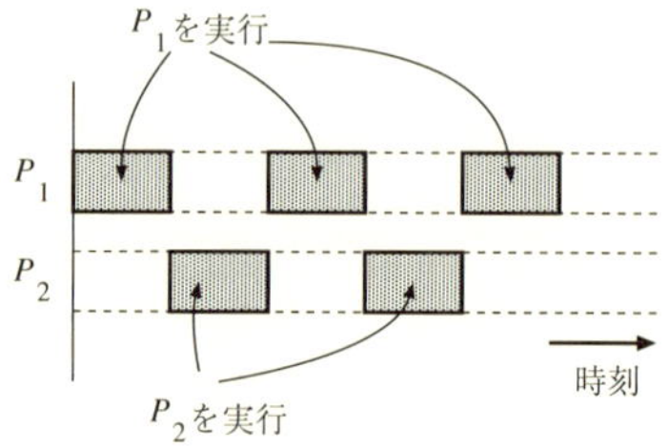

図 1.34　プロセス P_1 と P_2 の並行実行

2 つのプログラムはまったく同じものでもよいため，P_1，P_2 をプログラムと呼ぶのは適切ではない．そこで，これらの実行対象は新たにプロセス*40) と名付けられた．どのような順番で，どのようなタイミングでプロセスを切り替えるかという方針は，スケジューリング方策 (scheduling policy) などと呼ばれる．また，あるプロセスから他のプロセスへ実行対象を切り替えることは，コンテキスト切り替え (context switching) と呼ばれる．

1 台のコンピュータで複数のプログラムを並行実行できるのは便利であるため，コンピュータが安価になった現在でもマルチプロセスが広く利用されている．

1.5.2　メモリ管理

すでに 1.4.9 項の図 1.31 において，複数のプログラムに独立した仮想記憶空間を提供する例を示したように，物理メモリは仮想メモリとして抽象化する仕組みが仮想記憶装置により提供されている．この仮想記憶装置を巧みに操り，コンテキスト切り替え時に物理記憶空間と仮想記憶空間とのマッピングも同時に切り替えることにより，各プロセスが記憶空間を占有しているかのように見

*40)　UNIX 系ではプロセス (process)，Windows や MacOS ではタスク (task) と呼ばれる．

せるのがメモリの抽象化である.

1.5.3 ファイルシステム

メモリはハードウェアとして番地を指定することによりバイト単位でアクセスすることができるため，仮想記憶というアドレス変換を行う程度の抽象化で満足することができる．一方，ハードディスクなどの2次記憶装置は，固定長のバイト列を記憶するブロックを多数持つハードウェアであるから，文章や実験データなど可変長のバイト列をひとかたまりとして保管するには何らかの抽象化が必要である．そこで，ファイルシステムが導入された．ファイルシステムとは，可変長のバイト列を名前 (ファイル名) に対応付けて保管するシステムである (図1.35左)．ファイルシステムを介することにより，2次記憶装置は抽象化され，名前によってファイルを指定し，バイト単位でアクセスすることが可能になる.

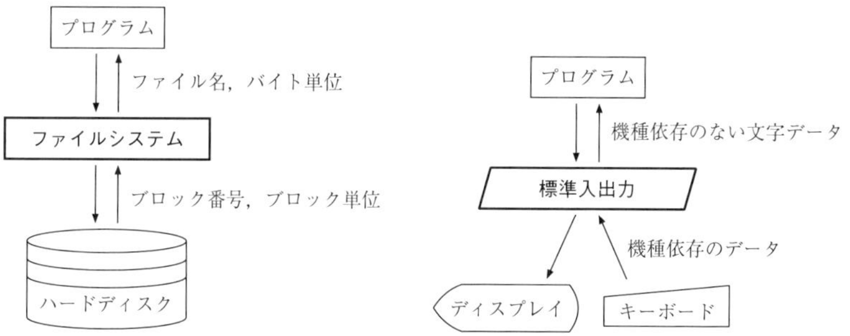

図 1.35 ファイルシステムの役割 (左) と標準入出力装置の役割 (右)

1.5.4 標準入出力

キーボードとディスプレイという最も標準的な入出力装置も，抽象化しておくことにより利便性が高まる．抽象化されたそれらの入出力装置は，標準入出力装置と呼ばれる (図1.35右参照).

1.6 ハードウェアによる高速化技術

これまで示してきた典型的なノイマン型コンピュータのハードウェア構成では，ある程度以上は速度向上が望めないことが知られている．この問題を解決するために，律速段階となっている点を改善する様々な高速化技術が導入されている．ある律速段階が解消されれば別の箇所が新たな律速段階になり，新たな高速化技術が要求される．現在もなお，このような果てしない研究開発サイクルが繰り返されている．ここでは様々な高速化技術を網羅的に示すことは避けるが，いずれの技術もノイマン型コンピュータの概念から外れることなく速度向上を目指しているところに注意されたい．

1.6.1 DMA

I/O 機器からメモリへデータを読み込むことを考える．簡単な方法としては，

1）I/O 機器からデータを読み出す

2）メモリへ書き込む

という単純作業をデータ量だけ繰り返せばよい．しかし，データが大量になれば，たとえ作業内容は単純であっても処理時間は長くなる．単純な処理に貴重なプロセッサの手を煩わせるのは勿体ないことである．そこで，I/O 機器とメモリとのデータの転送のような単純作業を，プロセッサに代わって処理する専用処理装置を付加することが考案された．これが DMAC (direct memory access controller) であり，このような処理方式は DMA 方式と呼ばれる．DMAC は，データ転送元，データ転送先，データ量を指定されると，プロセッサとは独立してデータ転送を開始し，データ転送が完了したらプロセッサに知らせる[*41)]．

図 1.36 に，プロセッサがデータ転送する場合と，DMA を用いる場合の処理の大まかな流れを示す．データ転送にかかる時間は，I/O 機器などの転送速度に依存するため，どちらの場合も同じである．しかし DMA を用いた場合，転送中でもプロセッサが別の仕事を処理できる．そのため，プロセッサの貴重な時間を有効に活かせるのである．現在，通信装置や 2 次記憶装置などの多くの

*41) DMAC に問い合わせないと完了が分からない場合もある．

I/O 機器で DMA が用いられている．

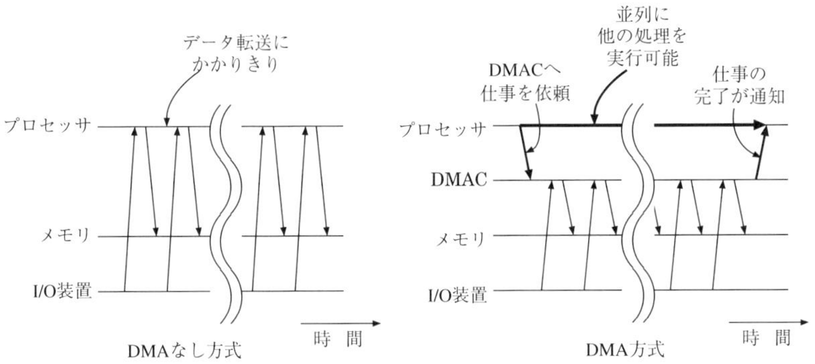

図 **1.36** DMA 方式の優位性

1.6.2 キャッシュとバッファ

a. キャッシュ

メモリのデータの読み書きを行うためには，ある程度の時間を必要とする．これをアクセス時間 (access time) と呼ぶ．先の命令サイクルを思い出して欲しい．1 回の命令サイクル中で，1 回以上メモリを読み書きするため，メモリアクセス時間は計算速度に直接を影響を及ぼす要因の 1 つである．プロセッサに比べてアクセス時間が十分に短ければ，それ以上短くしても無意味であるが，一般にプロセッサの処理速度はメモリのアクセス時間よりも短い．そのため，計算速度を向上させるには，アクセス時間を短くすることが望まれる．

一般にアクセス時間の短いメモリを作成するのは困難であり，単価も高い．そのため，主記憶全体をアクセス時間の短いメモリで実装するのは現実的ではない．そこで，安価なメモリで構成された主記憶に，少量の高価なメモリを効果的に付加することにより，主記憶全体のアクセス時間を短縮する技術が開発された．これがキャッシュ (cache) メモリである．キャッシュメモリの原理は，主記憶の一部をキャッシュメモリ中に複製しておき，主記憶をアクセスする代わりにキャッシュメモリへのアクセスだけで済ませることにより，アクセス時間を短くしようというものである (図 1.37)．

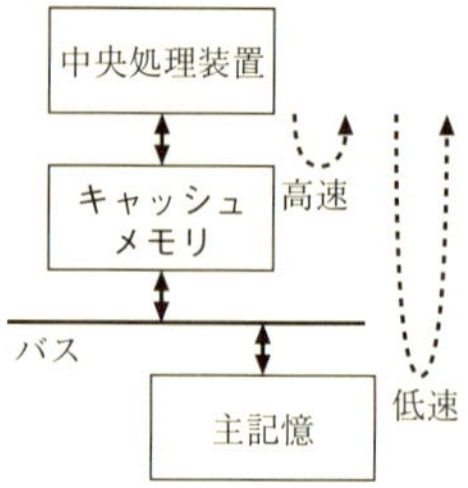

図 1.37 キャッシュメモリの原理

キャッシュメモリの容量は，主記憶よりもはるかに小さいため，すべての必要なデータをキャッシュしておくことはできない．そこで，頻繁にアクセスされる主記憶領域だけが常にキャッシュされているように，不要になったキャッシュ内容は速やかに主記憶へ書き戻してしまい，次に頻繁にアクセスされる領域をキャッシュ内へ複製することが望ましい．しかし，どの領域が不要になったかをあらかじめ知る術はない．そこでいくつかの近似アルゴリズムが提案されている．最も簡単な FIFO (first in first out) アルゴリズムや，参照ビットを用いた疑似 LRU (least recently used) アルゴリズムなどが代表的である．

また，キャッシュを行うデータに関しては，アクセスした時点でキャッシュされるのが一般的であるが，予測を用いて実際のアクセスよりも前にキャッシュする方法も開発されている．例えば，プロセッサのメモリアクセスの分布が局所的または連続的であるという仮定に基づき，あるとき 1 カ所メモリをアクセスしたら，その近傍を含めてキャッシュ内へ読み込む．実行すべき命令は，関数呼び出しや条件分岐など以外の場合は，連続して番地の大きい方へ連続して配置されているし，計算データに関しても主記憶内に分散配置されていることよりも，どこかへ密集して配置されている方が一般的である．したがって，この仮定は概ね正しく，多くの場合において性能が向上する．

キャッシュ内へ主記憶中のデータの複製を取り込んだり，キャッシュ内から主記憶へ書き戻す作業には，先の DMA 方式が用いられるのが一般的であり，プロセッサの負担にはならない．また，主記憶へ書き戻す作業の効率化は性能向上に大きく寄与するため，キャッシュから追い出される時点までに書き込みが行われたデータだけを書き戻すライトバック (write back) 方式が提案されてい

る (図 1.38)．ライトバック方式は主記憶への書き込み回数が減らせるため有利である．しかし，どのデータが書き込まれたかを記憶しておく仕組みが必要になる．また，ライトバック方式では主記憶中のデータが最新のデータではないという状況が起こる．そのため，他の処理装置が主記憶中の当該データに対しDMA 参照を行うと，古いデータを参照することになり，一貫性がとれなくなってしまう[*42)]．このような問題を解決するためには，明示的にキャッシュの内容を主記憶へ書き戻すよう指示する必要がある．これに対し，書き込み時は常に主記憶へ書き戻すというライトスルー (write through) 方式も存在する．これは書き込み時には常に主記憶へ書き戻すという方式であり，性能は劣るものの，ハードウェアを簡単に実装できるほか，使用上の注意が必要でないという利点がある．

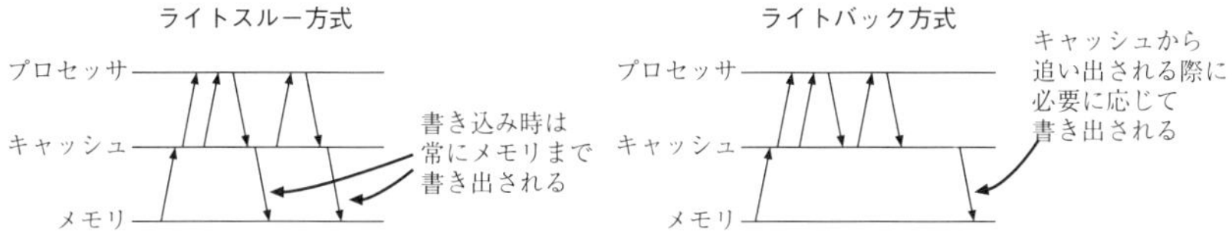

図 **1.38** ライトスルー方式 (左) とライトバック方式 (右)

現在では，プロセッサの内部と外部とにキャッシュメモリを配置する多段キャッシュも用いられており，プロセッサに近いものから順に 1 次キャッシュ，2 次キャッシュなどと呼ばれる．

b. バッファ

キャッシュ同様の発想から，バッファ(buffer) も様々なところで用いられる．バッファとは，データのやり取りを行う際に，いったんメモリ内にデータを格納することにより，送信側と受信側とのデータ転送サイズや速度の違いを吸収する機構である．

例えば図 1.39 のようにプログラムからバッファを介してハードディスクを 1 byte ずつ読み出す場合を考える．プログラムが 1 byte 単位で読み出しを行う

*42) 実際にこのような問題を抱えるのは，デバイスドライバなどハードウェアに密接したソフトウェアを記述する時くらいであり，普段のプログラミングでは何も意識する必要はない．

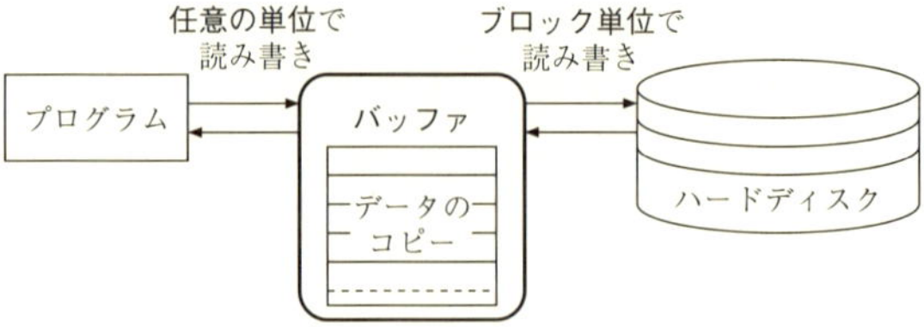

図 1.39　バッファの原理

時，バッファがなければ 1 回ごとにハードディスクにアクセスしなければならない．しかしバッファを介すると，バッファはハードディスクから数ブロック分[*43)]のデータを読み出してコピーを保持し，そこからプログラムへデータを渡す．そのため，プログラムがバッファされたデータを読み尽くすまでは，ハードディスク 1 回をアクセスするだけで済むことになり，処理が高速化される．書き込みに関しても同様であり，書き込まれるデータがバッファ内にコピーされた時点でプログラムは次の作業へ進めるため，やはり高速化される．

1.6.3　パイプライン

プロセッサは先に示した命令サイクルを逐次実行する．この逐次実行の意味を，1 回の命令サイクルの作業を複数の段階に分割して考えてみよう．例えば，(1) 命令の読み出し，(2) 命令解釈，(3) データ読み出し，(4) 命令実行，(5) データ書き込み，の 5 段階に分けた時，これを逐次実行することは，(1) から (5) までの各段階を 1 段階ずつ順番に独立に実行することを意味する．これを図 1.40 上に示す．

もし，各段階が各段階専用の部分ハードウェアにより実行されているとすれば，各々の部分ハードウェアは全処理時間の 1/5 しか活動していないことになる．そこで，各々の部分ハードウェアの性能を活かすために考案された方式がパイプライン処理である．パイプライン処理は，各々の段階が 1 命令サイクルを待たずに，次から次へと実行していく方式 (図 1.40 下) である．

パイプライン処理が滞りなく進められた時の速度向上率を計算してみよう．1 命令サイクルの処理時間を ΔT，パイプラインの段数を N とし，各段の処理時

*43)　システムによりバッファの大きさが異なる．

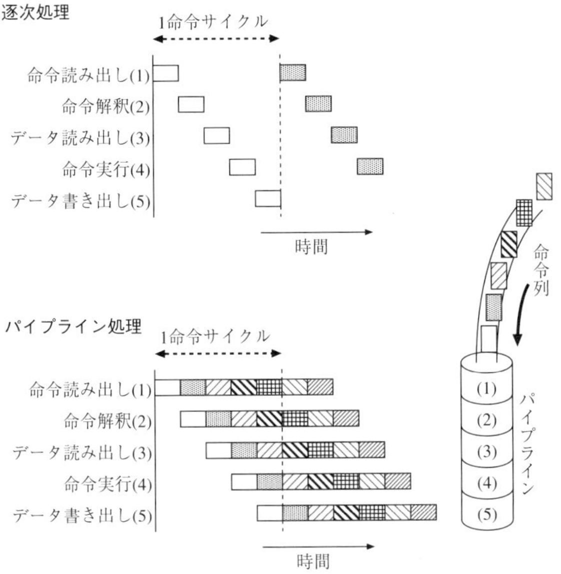

図 1.40 パイプライン処理の原理

間は等しく $\Delta T/N$ とすると，命令数 I を実行するのに要する時間 T_I は，最初の命令が実行されるまでには ΔT かかり，それ以降の命令はすべて $\Delta T/N$ ごとに処理されると見做せるため，次式のように得られる．

$$T_I = \Delta T \times 1 + \frac{\Delta T}{N} \times (I-1) = \frac{\Delta T}{N}(N + I - 1) \tag{1.14}$$

ここで，1 命令を実行するのに要する時間の平均 $\bar{t}$ を求めてみよう．

$$\bar{t} = \frac{T_I}{I} = \frac{\Delta T}{N}\frac{N+I-1}{I} \approx \frac{\Delta T}{N} \tag{1.15}$$

パイプラインにより一連に実行される命令数が十分に大きいとき ($I \gg N$)，1 命令を実行するのに要する時間は 1 命令サイクルの処理時間の $1/N$ になる．すなわち実行速度が N 倍にもなるのである．この方法は極めて有効な手法であるため，近年のプロセッサのほとんどがこの方式を採用しているが，パイプラインの段数や分け方は様々である．

ここで，パイプライン方式が許されるのは，命令の演算内容が前の命令の演算結果に依存しない場合に限られることに注意されたい．条件分岐など命令の演算内容が前の命令の演算結果に依存する場合，その結果が得られた後でなければ実行することができないため，連なっていたパイプラインを，いったん切断しなければならない．パイプライン処理されているプロセッサの性能を十分に活かすためには，パイプラインを乱す命令の使用をできるだけ控えたプログラミングを心がけることが重要である．

最近では，条件分岐命令の際も結果を予想してパイプラインを乱さずに先行実行し続け，結果が予想と異なった時に限り先行実行した結果を無効にする投機的実行 (speculative execution) という方法も実現されている．

1.6.4　並列化と結合網

ノイマン型コンピュータのモデルではプロセッサが 1 台であるが，これを n 台利用することにより n 倍の処理性能を得ようという発想に基づく高速化技術が並列化である．複数台のプロセッサを搭載したコンピュータは，並列 (parallel) コンピュータと呼ばれる (図 1.41)．

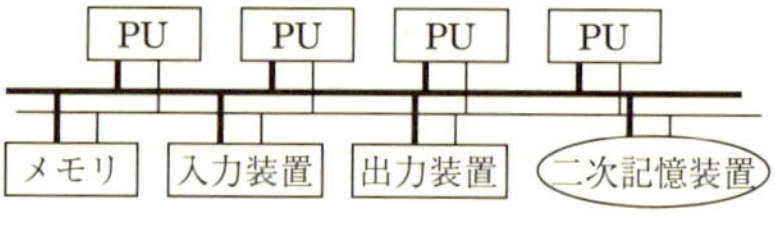

図 1.41　バス結合型並列コンピュータの概観

しかし実際は，n 台のプロセッサの能力を十分に活かすことは難しい．例えば，1 つの大規模な計算を n 台のプロセッサを用いて実行する場合，途中の計算は n 台で並列に実行できたとしても，少なくとも計算の最初と最後は 1 つのプロセッサが処理を行う必要があるため，計算を割り振ったり結果を集計するなどの処理が新たに発生してしまう．また，バスの通信性能には限りがあるため，DMA 方式の I/O 装置が増えたり，プロセッサを複数台繋ぐなどしてバスを利用する装置が増えると，バスが混雑し，やがては待ち時間が発生することになる．その他にも，様々な要因により n 台のプロセッサを用いて n 倍の処理速度を生み出すことは難しい．

バスの混雑を解消する方法として考案されたのが結合網である．ある瞬間に，1対1の接続しか提供しないバスに対し，結合網は多対多の接続を提供するものである．結合網には様々な形態が提案されているが，本書の範囲を越えるため，詳しくは並列コンピュータ関連の書籍を参照されたい．

2 計算のデータ表現と演算

われわれの日常生活において，言葉はコミュニケーションを深める媒体として大切な役割を果たしている．なかんずく，情報の表現には多くの数値や文字が利用されている．コンピュータにおいても情報表現は必要不可欠であり，その表現方法として 0 と 1 を用いた 2 進数が用いられることは 1.1 節で述べた通りである．本章では，こうした 2 進数を取り扱う上で必要となるコンピュータ内部での基本表現法について述べる．

2.1 正整数の表現

よく知られているように，われわれの生活において数の取り扱いは，0~9 という 10 個の文字を複数桁だけ並べた 10 進数に基づいている．一方，コンピュータ内部ではすべて 0 と 1 で表現されるため，0 と 1 という 2 個の文字を複数桁だけ並べて表現する．一般に，正整数 N を n 桁の r 進数で表現する場合，次式に示されるような形式で表現するのが普通である．

$$\begin{aligned}(N)_r &= a_{n-1}r^{n-1} + a_{n-2}r^{n-2} + \cdots + a_1r^1 + a_0 \\ &= \sum_{i=0}^{n-1} a_i r^i \end{aligned} \tag{2.1}$$

また，同式は a_i の数列として次のようにも表現される．

$$(N)_r = (a_{n-1}a_{n-2}a_{n-3}\cdots a_0)_r \tag{2.2}$$

ここで，r は基数 (radix) とも呼ばれる．基数の選択によって，様々な数の表現が可能である．前述のように，コンピュータにおいては記憶・演算および入出力のいずれにおいても，2 進数が経済的で信頼性の高い表現法として用いられているので，例として 2 進数から 10 進数への変換を取り上げよう．

$$
\begin{aligned}
(10101101)_2 &= 1 \times 2^7 + 0 \times 2^6 + 1 \times 2^5 + 0 \times 2^4 \\
&\quad +1 \times 2^3 + 1 \times 2^2 + 0 \times 2^1 + 1 \times 2^0 \\
&= (173)_{10}
\end{aligned}
$$

上記 2 進数表現において最左桁を MSD (most significant digit)，最右桁を LSD (least significant digit) と呼んでいる．また，4 ビット列をニブル (nibble)，8 ビット列をバイト (byte) と呼んでいる．

2 進表現は桁数が多くなって読みづらいため，2 進数 3 桁または 4 桁を単位とする 8 進表現，16 進表現などもよく用いられる．これらの対応表を表 2.1 に示す．ここで，16 進数は 0 ～ 9 の数字に加え，A ～ F [*1)] を数字として用いている．後述する C 言語によるプログラミングでは，10 進数の他に 8 進数，16 進数を利用した数値表現を行うことが可能である．

表 2.1 10 進数，2 進数，8 進数，16 進数の関係

10 進数	2 進数	8 進数	16 進数
00	0000	00	0
01	0001	01	1
02	0010	02	2
03	0011	03	3
04	0100	04	4
05	0101	05	5
06	0110	06	6
07	0111	07	7
08	1000	10	8
09	1001	11	9
10	1010	12	A
11	1011	13	B
12	1100	14	C
13	1101	15	D
14	1110	16	E
15	1111	17	F

*1) 小文字を用いることもある．

問 2.1.　次の 2 進数を 16 進数に，16 進数を 8 進数に変換しなさい．

a. $(10101010)_2$　b. $(11110000)_2$　c. $(10110100)_2$

d. $(\mathrm{FFFF})_{16}$　e. $(\mathrm{7FFF})_{16}$　f. $(1111)_{16}$

問 2.2.　上の練習問題の値を，すべて 10 進数に変換しなさい．

基数を変換するとき，何桁がどのように変化するかを考えておこう．いま，n 桁の r 進数を m 桁の q 進数に変換することを考える．式 (2.1) から，一方の表現範囲は $[0,\ r^n-1]$，他方のは $[0,\ q^m-1]$ である．常に変換できるためには，後者の範囲が前者の範囲を包含している必要があるから，次式を得る．

$$q^m \geq r^n$$

$$m \log q \geq n \log r$$

$$m \geq n\frac{\log r}{\log q} \tag{2.3}$$

例えば 8 桁の 2 進数を 10 進数に変換する場合，$m \geq 8(\log 2/\log 10) \approx 2.4$ であるから 3 桁あれば表現できることが分かる．逆に 8 桁の 10 進数を 2 進数に変換する場合は，27 桁が必要である．

問 2.3.　10 桁の 10 進数を 16 進数に変換する場合，何桁が必要か計算せよ．

問 2.4.　8 桁の 16 進数を 10 進数に変換する場合，何桁が必要か計算せよ．

2.2　負の整数の表現

前節では正整数を取り扱う場合の表現法を示したが，負の整数を表現するにはどうしたらいいだろうか．ビット表現ではマイナス記号を前置できないため，例えば 2 進数表現における最上位ビットを符号ビットとして用いることにして，+ を 0 に，− を 1 に対応させたりする．具体的は表記法としては，次に示すようないくつかの表現方法がある．

① 絶対値表現

最上位ビットを符号ビットとし，数値部分は絶対値を用いて示す．例えば，次のような表現となる．

0	0	0	0	1	0	1	0	=	$(+10)_{10}$
1	0	0	0	1	0	1	0	=	$(-10)_{10}$

② 補数表現

一般に $a+b=c$ の時，b は a の c に対する補数 (あるいは単に c の補数) という．2 進数においては任意の数の各ビットを反転した数[*2)]が 1 の補数となり，1 の補数に 1 を加えた数が 2 の補数となる．例えば，次のような表現となる．

0	0	0	0	1	0	1	0	=	$(+10)_{10}$	元の数
1	1	1	1	0	1	0	1	=	$(-10)_{10}$	1 の補数表現
1	1	1	1	0	1	1	0	=	$(-10)_{10}$	2 の補数表現

上記表現法を用いた 2 進 8 ビット整数と 10 進数との対応を表 2.2 にまとめる．

表 2.2 符号付き数の様々な表し方

10 進表現	絶対値表現	2 の補数表現	1 の補数表現
+127	01111111	01111111	01111111
⋮	⋮	⋮	⋮
+64	01000000	01000000	01000000
⋮	⋮	⋮	⋮
+1	00000001	00000001	00000001
+0	00000000	00000000	00000000
-0	10000000	———	11111111
-1	10000001	11111111	11111110
⋮	⋮	⋮	⋮
-64	11000000	11000000	10111111
⋮	⋮	⋮	⋮
-127	11111111	10000001	10000000
-128	———	10000000	———

問 2.5. 次の 2 進数の 2 の補数を示しなさい．

a. $(10101010)_2$ b. $(11110000)_2$ c. $(10110100)_2$
d. $(11111111)_2$ e. $(01111111)_2$ f. $(00010001)_2$

---

*2) 1 を 0 に，0 を 1 とする．

問 2.6. 次の 10 進数を 2 の補数表現による 8 bit の 2 進数で表しなさい.

a. $(127)_{10}$ b. $(-128)_{10}$ c. $(50)_{10}$

d. $(-1)_{10}$ e. $(10)_{10}$ f. $(-40)_{10}$

2.3 2進整数の演算

2.3.1 加 減 算

2 進数の加減演算を考えた場合，符号付きで取り扱うかあるいは符号なしで取り扱うかによって演算結果が異なる．まずは符号なし演算について考えてみよう．例えば，2 進数の 8 ビット演算を考えた場合，取り扱える値の範囲は 0 から $2^8-1=(255)_{10}$ までである．次に簡単な例を示してみよう．

$$
\begin{array}{rcccccccc}
 & 0 & 0 & 1 & 0 & 1 & 0 & 0 & 0 \\
+ & 0 & 0 & 0 & 0 & 1 & 0 & 1 & 0 \\
\hline
 & 0 & 0 & 1 & 1 & 0 & 0 & 1 & 0
\end{array}
\qquad
\begin{array}{rr}
 & (40)_{10} \\
+ & (10)_{10} \\
\hline
 & (50)_{10}
\end{array}
$$

$$
\begin{array}{rcccccccc}
 & 0 & 0 & 1 & 0 & 1 & 0 & 0 & 0 \\
- & 0 & 0 & 0 & 0 & 1 & 0 & 1 & 0 \\
\hline
 & 0 & 0 & 0 & 1 & 1 & 1 & 1 & 0
\end{array}
\qquad
\begin{array}{rr}
 & (40)_{10} \\
- & (10)_{10} \\
\hline
 & (30)_{10}
\end{array}
$$

以上の例では問題なく正しい演算結果が得られている．しかしながら，次のような例ではどうであろうか．

$$
\begin{array}{rcccccccc}
 & 1 & 0 & 1 & 0 & 1 & 0 & 0 & 0 \\
+ & 1 & 0 & 0 & 0 & 1 & 0 & 1 & 0 \\
\hline
(1) & 0 & 0 & 1 & 1 & 0 & 0 & 1 & 0 \\
(\mathrm{C}) & & & & & & & &
\end{array}
\qquad
\begin{array}{rr}
 & (168)_{10} \\
+ & (138)_{10} \\
\hline
 & (50)_{10} \\
 & \text{誤り}
\end{array}
$$

$$
\begin{array}{rcccccccc}
(\mathrm{B}) & & & & & & & & \\
(1) & 0 & 0 & 1 & 0 & 1 & 0 & 0 & 0 \\
- & 1 & 0 & 0 & 0 & 1 & 0 & 1 & 0 \\
\hline
 & 1 & 0 & 0 & 1 & 1 & 1 & 1 & 0
\end{array}
\qquad
\begin{array}{rr}
 & (40)_{10} \\
- & (138)_{10} \\
\hline
 & (158)_{10} \\
 & \text{誤り}
\end{array}
$$

これらから，キャリー (C : carry，桁上げ) やボロー (B : borrow，桁借り) が生じる演算では，間違った演算結果が得られることが分かる．

次に，符号付き数として 2 の補数表現法を仮定した加減算を示そう．符号なしの時の演算と同様に2進数の8ビット演算を考えた場合，取り扱える値の範囲は10進数で $-128 \sim 127$ となり，キャリービット，ボロービットを無視すると，2進数の加減算は次の例に示すような演算となる．

	1	1	1	1	1	1	1	1		$(-1)_{10}$
+	0	0	0	0	0	0	0	1	+	$(1)_{10}$
(1)	0	0	0	0	0	0	0	0		$(0)_{10}$
(C)										

(B)										
(1)	0	0	0	0	0	0	0	0		$(0)_{10}$
−	0	0	0	0	0	0	0	1	−	$(1)_{10}$
	1	1	1	1	1	1	1	1		$(-1)_{10}$

キャリービットやボロービットを無視しても，正しい演算結果が得られていることが分かる．このことから，キャリーやボローが生じない場合に関しては，2の補数表現法が最も便利な表現法であることが分かる．多くの場合，符合付き2進数は2の補数表現法が用いられている．

さて，上記の例では桁あふれの生じる例を避けて示したが，有限ビットの計算では符号付き演算においても桁あふれを完全に回避することはできない．符号付き8ビット演算例で桁あふれの生じる例を下記に示す．このように，符号なし演算では問題にならない範囲の数でも，符号付き演算では正しい結果が得られない場合もある．

	0	1	1	1	1	1	1	1		$(127)_{10}$
+	0	0	0	0	0	0	0	1	+	$(1)_{10}$
	1	0	0	0	0	0	0	0		$(-128)_{10}$

このような符号付き演算の桁あふれは，オーバーフロー (V : overflow，桁あふれ) と呼ばれる．

演算によってキャリーやボロー，オーバーフローが生じたかどうかを知る術がなければ，その演算結果に確証を持つことができない．そこでプロセッサ内には，1.3.4項で述べたフラグレジスタ内にキャリーやボロー，オーバーフローが生じたかどうかを提示するフラグが用意されている．キャリーやボロー，オーバーフローが生じたとき，フラグレジスタ内の当該ビットが自動的に1に設定される．したがって，演算後にフラグレジスタを参照することにより，何が起きたかを知ることができる．かくして，符号なし，符号付き演算に関係なく，加算時には C, V フラグを利用し，減算時には B, V フラグを利用することで演算結果の状態を間違いなく知ることができる．

2.3.2　乗算と除算

2 進数の乗算は，10 進数と同様な考え方で実行できる．1 桁が 0 か 1 か，すなわち「ある」か「なし」であり，1 桁の掛け算では桁上がりが生じないため，10 進数の乗算に見られるような計算過程での桁上がりは考える必要がない．そこで，1 のある桁のところまで左シフト[*3)]したものを加算することにより 2 進数の乗算が実行できる．以下に例を示そう．

$$
\begin{array}{rcccccc}
 & & & 1 & 0 & 1 & 0 \\
\times & & & 0 & 1 & 0 & 1 \\
\hline
 & & & 1 & 0 & 1 & 0 \\
 & 1 & 0 & 1 & 0 & & \\
\hline
 & 1 & 1 & 0 & 0 & 1 & 0
\end{array}
\qquad
\begin{array}{rr}
 & (10)_{10} \\
\times & (5)_{10} \\
\hline
 & (10)_{10} \\
+ & (40)_{10} \\
\hline
 & (50)_{10}
\end{array}
$$

2 進数の除算は，MSD より比較と右シフト，さらに前節で示した減算の繰り返しにより演算が実行できる．減算に関しては 2 の補数表現が用いられる．

$$
\begin{array}{r|ccccccc}
 & & & & 1 & 1 & 0 & 1 \\
\cline{2-8}
1\ 0\ 1 & 1 & 0 & 0 & 0 & 0 & 0 & 1 \\
 & & 1 & 0 & 1 & & & \\
\cline{2-8}
 & & & 1 & 1 & 0 & & \\
 & & & 1 & 0 & 1 & & \\
\cline{2-8}
 & & & & & 1 & 0 & 1 \\
 & & & & & 1 & 0 & 1 \\
\cline{2-8}
 & & & & & & & 0
\end{array}
\qquad 65 \div 5 = 13
$$

2.4　実数の表現と演算

2.4.1　固定小数点の表現

前節までの記述では整数表現のみを扱ってきたが，これは小数点が最小桁の右側にあることを暗黙に仮定している．そこで，正数を取り扱う式 (2.1)，式 (2.2) を拡張すれば，一般に整数桁 n 桁，小数点以下 m 桁の数 N は，次式の

[*3)]　全ビットを MSD 方向にずらすこと．

ように表現することができる．

$$
\begin{aligned}
(N)_r &= a_{n-1}r^{n-1} + a_{n-2}r^{n-2} + \cdots + a_1 r^1 + a_0 \\
&\quad + a_{-1}r^{-1} + a_{-2}r^{-2} + \cdots + d_{-m}r^{-m} \\
&= \sum_{i=-m}^{n-1} a_i r^i \qquad (2.4)
\end{aligned}
$$

$$
(N)_r = (a_{n-1}a_{n-2}\cdots a_0.a_{-1}a_{-2}\cdots a_{-m})_r \qquad (2.5)
$$

このような表現を，固定小数点 (fixed point) 方式という．ここで整数の時と異なり，基数を変換する際に変換誤差が生じる可能性があることに注意されたい．整数の場合は最小単位が常に 1 であるため，変換前と後とが必ず 1 対 1 の対応付けになる．しかし，式 (2.5) のような実数表現の場合，最小単位が異なってしまうため，必ずしも 1 対 1 の対応付けとはならない．しかも，必ずしもすべての分数が有限桁の小数表現に変換できないのと同様に，有限桁への変換が誤差を生じてしまう場合がある (図 2.1)．

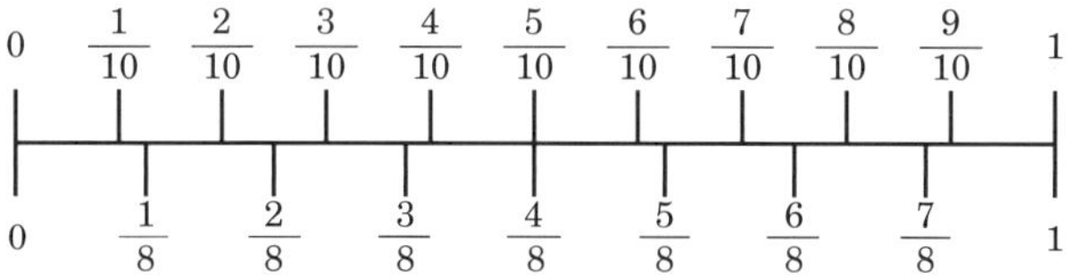

図 2.1　[0,1] における $r = 10$, $m = 1$ と $r = 2$, $m = 3$ との対応

例えば，$r = 2$, $m = 8$ と仮定した場合，その最小桁の値は $2^{-8} = (0.00390625)_{10}$ となり，この値の倍数値に相当する数値のみが正確に表現できることになる．これは誤差なく $m = 8$ の 10 進数に変換されているが，同じ $m = 8$ の $(0.00390626)_{10}$ は有限桁の 2 進数では表現できない．それどころか，$m = 1$ の $(0.4)_{10}$ でさえ，誤差が生じてしまう．$(0.4)_{10}$ を 2 進数で表現しようとした場合，その近い値は次のようになる．

$$
\begin{aligned}
.01100111 &\quad \rightarrow \quad 0.40234375 \\
.01100110 &\quad \rightarrow \quad 0.39843750
\end{aligned}
$$

上記の例に示されるように，8 bit の小数点表現では 0.4 という 10 進数を表現するには誤差が生じることが分かる．このような誤差は丸め誤差と呼ばれる．

2.4.2 浮動小数点の表現

仮数部
指数部
符号
↑ 仮数部の小数点
指数部の小数点 ↑

整数表現を拡張した前節の固定小数点方式の他に，小数点の位置は固定せずに任意の位置に設定する方式も考えられる．このような方式を浮動小数点 (floating point) 方式と呼び，上記に示されるように仮数部 (mantissa) と指数部 (exponent) に分離した表現となる．

例えば $(1.75)_{10}$ は，仮数部 7 bit，指数部 8 bit の浮動小数点表現では次のようないくつかの表現ができる．

0	0011100	00000011	→ $0.21875 \times 2^3 = 1.75$
0	0111000	00000010	→ $0.4375 \times 2^2 = 1.75$
0	1110000	00000001	→ $0.875 \times 2^1 = 1.75$

一般に，有効桁数を多くとることが計算精度を上げるために重要となるため，仮数部の最上位桁に 1 が入るように記述する[*4]ことが最も好ましい．先の例では最後の例が規格化された表現である．

仮数部と指数部とに分離すると，仮数部の最下位桁の意味，すなわち最小単位が指数部の値に依存することになる．そのため，絶対値の小さい領域では最小単位が小さくなり，絶対値の大きい領域では最小単位も大きくなってしまうことに注意されたい．最小単位が大きければ，それだけ丸め誤差も大きくなる．図 2.2 に，仮数部が 2 桁の場合に表現可能な値の分布の様子を示す．縦棒の書いてある値だけが表現可能である．

---

*4) 仮数部の最上位桁に 1 が入るように変換することを規格化 (または正規化) するという

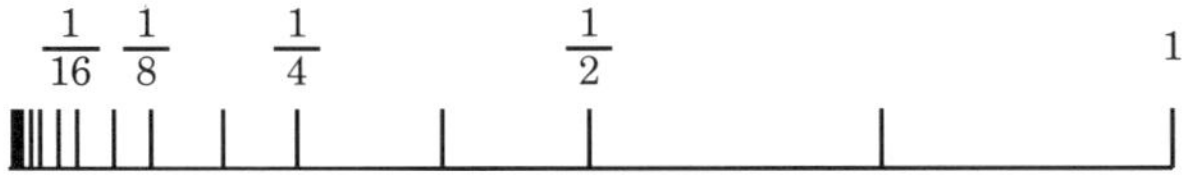

図 2.2　[0,1] における表現可能な値の分布

2.4.3　浮動小数点演算

ここでは，簡単のため浮動小数点による加減算のみを示そう．例えば，次に示すような浮動小数点演算を考えよう．

x	0	1010010	00000101	$\to 0.640625 \times 2^5 = 20.5$
y	0	1000001	00000100	$\to 0.5078125 \times 2^4 = 8.125$

① 加算

x	0	1010010	00000101	$\to 0.640625 \times 2^5 = 20.5$
		+		
y'	0	0100000	00000101	$\to 0.25 \times 2^5 = 8$
$x + y' =$	0	1110010	00000101	$\to 0.89062 \times 2^5 = 28.5$

② 減算

x	0	1010010	00000101	$\to 0.640625 \times 2^5 = 20.5$
		−		
y'	0	0100000	00000101	$\to 0.25 \times 2^5 = 8$
$x - y' =$	0	1110010	00000101	$\to 0.390625 \times 2^5 = 12.5$

上に示すように，演算する際には指数部の値を大きい方に揃える必要がある．その際，指数部の小さい方 y' ではビットが捨てられてしまい $y = y'$ とはならず，計算誤差が生じる．これを，桁落ち誤差あるいは情報落ち誤差という．

2.4.4　IEEE-754

浮動小数点の表現は，指数部と仮数部の桁数やビットの順番などがコンピュータの機種によって違っていると不便であるだけでなく，桁落ち誤差が異なってしまうなどの問題が生じる．そのため，現在多くのコンピュータでは IEEE[*5)]-754 規格が事実上の標準規格として広く利用されている．後に示す C 言語の単精度実数 (single precision，32 bit，C 言語の float 型) と倍精度実数 (double precision，64 bit，C 言語の double 型) も，この規格に準じている．

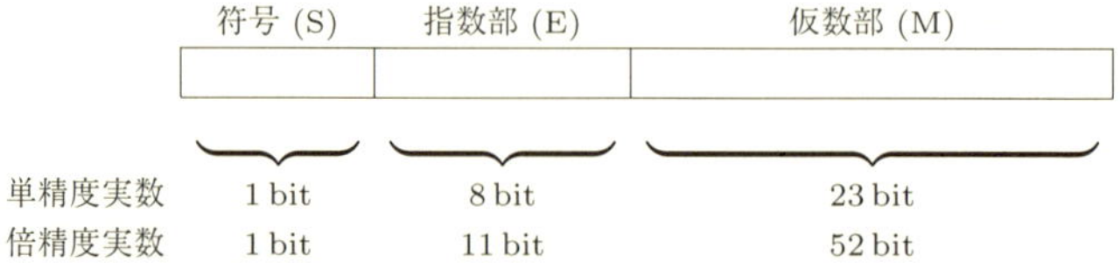

図 2.3　IEEE-754 による実数の表現方式

IEEE-754 では，図 2.3 に示すように 32 bit の単精度実数と 64 bit の倍精度実数[*6)]とが定義されている．指数部には，実際の指数 e に $127(2^7-1)$ (単精度実数の場合) または $1023(2^{10}-1)$(倍精度実数の場合) を加算した値を符合なし正整数形式で格納している．仮数部は，ビット数を稼いで精度を向上させるための工夫が施されている．規格化したビット列は最上位ビットが常に 1 であるため，規格化していることを前提にすれば最上位ビットを記憶する必要はない[*7)]．そこで $1.d_1d_2d_3\cdots d_m\times 2^e$ に規格化し，最上位の 1 を省略した $d_1\sim d_m$ を仮数部に格納しているのである．例えば単精度実数において $(1.5)_{10}$ は，1.1×2^0 であるから，$S=0$，$E=(127)_{10}=(0(1)^7)_2$，$M=(1(0)^{22})_2$[*8)]と表現され，倍精度実数では $S=0$，$E=(1023)_{10}=(0(1)^{10})_2$，$M=(1(0)^{51})_2$ と表現される．

最後に浮動小数点の有効桁数について考えておこう．単精度実数の有効桁数は $(23+1)$ bit であるから，10 進数に換算すれば式 (2.3) から $24(\log 2/\log 10)\approx 7.2$ で約 7 桁である．倍精度実数の有効桁数は，10 進数で約 15 桁である．ただし先にも述べたように，10 進数と 2 進数とでは最小単位が異なるため，有効

[*5)] Institute of Electrical and Electronic Engineers.
[*6)] 他に拡張倍精度が定義されているが，機種に応じて 128 bit (S=1, E=15, M=112) のものと 96 bit (S=1, E=15, M=63) のものが使用されるため，ここでは省略する．
[*7)] 0 は規格化できない例外的な数値であり，すべてのビットを 0 にした表現を 0 と定義している．
[*8)] $(0)^n$ は 0 が n 桁続くことを表現しているものとする．

桁数以内でも丸め誤差が生じることに注意されたい．

問 2.7. 比較的安価な A/D 変換器では，外部入力 ($-10 \sim 10$ [V]) の入力に対して 12 bit のディジタル信号への変換が行われる．その場合，$-10 \sim 10$ [V] に対して 16 進数で 000~FFF (符号なしの 10 進数で 0~4095) の値が対応付けられている．これを，符号付きの 10 進数で $-2048 \sim 2047$ に対応するように変換するためにはどのような演算を行えばよいか．

3 プログラミングの基礎

本章では，プログラミングの基礎について学ぶ．ある処理を行うために意図的に並べられた命令列のことをプログラムといい，その命令列を組み立てる作業のことをプログラミングという．現在では人間が直接的に命令列を書き下す機会は稀になっており，用途に適した言語 (プログラミング言語) を用いてプログラミングを行い，それを命令列に翻訳して実行するなどというように間接的に命令列を実現するのが主流になっている．そこで，3.1，3.2 節では様々なプログラミング言語と命令列との関係を明らかにしていく．3.3 節では特に命令列との対応が分かりやすい言語として C 言語 (以下 C と略す) を取り上げ，その表記法について学ぶ．本章のプログラム例はすべて C を用いているため，C に馴染みのない読者には C をぜひ理解しておいて欲しい．

3.1 プログラムとプログラミング言語

プログラミングを行う際に，機種依存性を低減し，コンピュータのハードウェアを意識せずにプログラミングを行えるようにするために，これまで様々なプログラミング言語が提案され，実装されている．

3.1.1 アセンブリ言語と機械語

第 1 章では，仮想的なプロセッサを実装対象としたプログラムを示しており，例えば 1.3.3 項では，命令は “add 3,4,6,1” などの文字列として表現されていた．しかし，現実のプロセッサは add や mul などの文字列表現された命令を人間のように読んで解釈するわけではなく，バイト列に符号化されてメモリ内に格納されたものを読み出し，解釈して実行する．バイト列に符号化されたものを機械語 (machine language) といい，文字列表現のことをアセンブリ言語 (assembly language) という．機械語とアセンブリ言語とは 1 対 1 の関係があり，アセンブラ (assembler) と呼ばれるプログラムを用いることにより，簡単にアセンブリ言語列を機械語列へ変換することができる．逆に，機械語列をアセンブリ言語列に変換するプログラムは逆アセンブラと呼ばれるが，命令の区切りを間違えたりデータを機械語として解釈してしまう場合があり*1)，自動的に元のアセンブリ言語へ戻すことは困難である．

各プロセッサで利用可能な命令集合 (instruction set) は，各プロセッサの仕様書にすべて掲載されている．例えば Intel 社の Pentium は，(オペコードで数えて) 120 以上もの命令が使用可能である．

3.1.2 高級言語の必要性

アセンブリ言語には，メモリのアドレスやレジスタ名が現れている．したがって，人間がアセンブリ言語を用いてプログラミングを行おうとすれば，使用可能なレジスタの名前やメモリ領域などを意識しなければならない．これは大変な労力である．しかも，そのプログラムは，プロセッサが異なったり，メモリ配置が異なるような他のコンピュータ上では正しく動作しないことは明らかである．そこで，機種に依存しないプログラミング専用言語が必要となり，これまで多くのプログラミング言語が提案されている．プログラミング言語の多くは，単に機種依存性を取り除くことだけが目的ではなく，複雑な処理をより簡潔に記述できるようにすることも目的とされている．そのため，それらは高級言語と呼ばれ，それに対してアセンブリ言語や機械語は低級言語と呼ばれる．

3.2 インタープリタとコンパイラ

プロセッサは機械語だけしか実行できないため，機械語以外のプログラミング言語は，何らかの処理を施さなければプロセッサで実行することはできない．その処理の方式は，大きくインタープリタ (interpreter) 方式とコンパイラ

*1) バイト列中では，機械語の命令とデータとが区別できないため．

(compiler) 方式の 2 つに分類される．

インタープリタ方式では，インタープリタと呼ばれる別のプログラムがプログラミング言語を逐次解釈しながら実行する．BASIC や Tcl などは代表的なインタープリタ言語である．UNIX の各種シェル*2)や MS-DOS の command.com などは，コマンドインタープリタとも呼ばれるようにインタープリタであるから，それらが受け付けるコマンドやシェルスクリプト，バッチファイルは，インタープリタ言語により記述されるものである．

他方のコンパイラ方式では，まずコンパイラと呼ばれる別のプログラムを用いてプログラミング言語を機械語に変換し，それをプロセッサが直接実行するという 2 段階で処理が行われる．機械語に変換することをコンパイル (compile) という．C，COBOL，FORTRAN，Pascal，Java*3)などはコンパイラ言語である．

インタープリタ言語はコンパイラ言語に比べてコンパイル作業が伴わないため手軽であるという利点があるが，繰り返し命令でさえ毎回翻訳するため実行処理が遅いという欠点もある．他方のコンパイラ言語はコンパイルする手間がある反面，実行が高速である．両方の利点を活かしたプログラミング言語も存在する．Perl などは，表面上は機械語を生成しないためインタープリタのようではあるが，実際は実行時にまずコンパイルを行い，それから実行を開始する．そのため，起動は遅くなるが，実行は高速である．

3.3 C の文法と表現

C に限らずコンピュータ言語を学ぶ目的は，ユーザの要望に応えうるプログラムを記述することにある．C によるプログラミングには，以下に示すような特長があげられよう．

- 大きなプログラムを小さな関数の集合として作成可能
- 構造化プログラミングが容易

---

*2) sh, csh, bash, tcsh, ksh, zsh など．

*3) Java コンパイラは仮想的なプロセッサ (VM : virtual machine) の機械語に翻訳するだけであり，それを実行するには仮想機械の機械語を翻訳実行するインタープリタが必要となる．

- ポインタやビット操作などハードウェアを意識したプログラムが記述可能
- 機種依存性が低い

上記に示すように，C はハードウェアの制御を含め様々な用途のプログラム開発に適した言語である．一方，プログラム作成時の作業効率を重視した場合，基本的に必要とされる事項として

- プログラムの生産性が良好
- プログラムの保守性が容易
- プログラムの移植性が良好

の 3 つがあげられるが，C は他のプログラミング言語と比較すると上記の事項も比較的満足する言語といえる．さらに計測・制御システムを構築する上では，プログラムの実行効率が要求される．プログラムの実行効率を考慮した場合に重要なことは，

- 使用するメモリ量が小さい
- 実行速度が速い

などがあげられる．これらは，先のプログラムを開発するうえでの基本事項 (作成効率，保守性，移植性) と相反するものであり，両者を同時に満足するプログラムを開発することは容易ではない．基本的に，実行速度の速いプログラムを作成する場合には，C の命令でも直接ビット操作を行う命令を使用することが必要となり，プログラムとしては読みにくいものとなる．したがって，必ずしも生産性，保守性，移植性に優れたプログラムとはならない．作業効率，実行効率のいずれを優先するかはプログラムの目的に応じて決まるため，その判断はプログラム開発者に依存することになる．

以下に，C によるプログラミングについてその基礎事項を簡単に示すことにしよう．C の教科書としては，文献 11) が原典であり最良である．訳本も出版されている．また文献 9) などもよい．

3.3.1 C プログラミングの基本スタイル

C のプログラムは以下のような基本スタイルを有する．

- C のプログラムは主に英小文字を利用
- C のプログラムは関数の集まり

- 最初に実行される関数は main 関数
- C はコンピュータの機種に依存する入出力機能は存在しない
- 関数の記述は基本ブロック ({ と } とで囲まれた範囲) 単位
- 各種操作 (命令, statement) の区切りを示す記号としては ; を利用

図 3.1 のプログラムは, C で書かれた入出力プログラムの例である.

```
#include <stdio.h>
int main(void)
{
    int x;
    printf("整数を入力:");
    scanf("%d", &x);
    printf("%d の 2 倍は%d\n", x, 2*x);
    return 0;
}
```

図 3.1 入出力プログラム

上記プログラムの流れを簡単に示そう. まず, main 関数プログラムでは, あらかじめ用意されている C の標準入出力関数の型定義が #include<stdio.h>[*4] により取り込まれている. さらに, プログラム中で使用される変数が整数型として int x; により定義され, 標準入力関数である scanf("%d",&x); によりキーボードから変数 x へ整数値の入力が行われている. 最後に標準出力関数である printf("%d の 2 倍は %d\n",x,2*x); により変数 x の値と式 2*x で 2 倍にされた値が表示されている. 図 3.1 の例題プログラムを実際に実行するためには, コンパイル, リンクと呼ばれる一連の操作が必要となる. UNIX 系の OS には, コンパイル, リンクが簡単に行える cc というコマンドが用意されている[*5]. inout.c のソースファイル (source file) をコンパイル, リンクして実行, 出力するまでの一連の操作は次のようになる. 行頭の % はコマンドプロンプトである.

---

*4) standard input/output の略である.

*5) 無料で配布されている gcc というコンパイラならば, UNIX 系 OS だけでなく Windows でも使用できる.

```
% cc -o inout inout.c          ← コンパイルを実行
% ./inout                      ← 生成された実行可能ファイルを実行
整数を入力:4                   ← 表示に従って 4 を入力
4 の 2 倍は 8                  ← 計算結果が表示された
%                              ← 実行が終了してプロンプトが表示さ
                                 れた
```

cc コマンドのオプションとして -o inout を指定しているが，これは生成される実行可能ファイル (executable file) の名前を inout に指定するためのものである．何も指定しない場合には，a.out というファイル名になる．

作成するプログラムがごく小さな場合を除いては，1 つのプログラムを複数のソースファイルに分割して開発するのが普通である．複数のソースファイルから 1 つの実行形式を作成することを，分割コンパイルという．分割コンパイルを効率よく行うための道具として make などがあるが，ここでは最も簡単な (しかし効率の悪い) 分割コンパイルの方法を紹介しておく．

```
% cc -o a.out a.c b.c c.c      ← 分割コンパイルを実行
```

このように，単純に複数のソースファイル名を列記するだけである．以上のコンパイル作業に関しては 4.2 節で詳しく述べるが，現時点では一連の作業により，C でプログラムを記述したソースファイルから実行可能ファイルが生成されるということが分かっていれば十分である．

それでは，もう少し詳しく C プログラムの構造について述べよう．基本的に C プログラムは次のような構成要素からなる．

① 識別子

図 3.1 のプログラム例には英数字を用いた識別子 main x printf scanf があった．識別子には英数字の他に _ (アンダースコア，underscore) も利用できる．また，大文字と小文字は区別される．識別子は変数や関数の名前として使われる．

② 予約語 (キーワード)

識別子と同様にあらかじめ決められた用途に用いられる単語で，auto, case, char, do, double, float, for, int, long, while, register, short, static, switch, unsigned, void などがあげられる．これらの予約語は識

別子として利用することはできない．

③ 定数

基本データ型に関する詳細な説明は後述するが，基本的に整数定数，実数定数，文字定数，文字列定数の 4 種類に分類して考えることができる．定数の値に関してはプログラムの実行前に決定されている．

④ 演算子

基本的な四則演算 (加算 +，減算 -，乗算 *，除算 /) の他，剰算 %，論理和 & やビットシフト << など様々ある．

⑤ 区切り記号

図 3.1 のプログラム例にあるように，命令の終わりはセミコロン ; によって指定される．プログラム例では 4 ステップの命令がセミコロンによって区切られている．

⑥ ブロック

1 つ以上の命令を中括弧 { } で括ってひとまとまりにしたものをブロックという．ブロックは，1 命令として取り扱うことができ，多重の入れ子構造を形成してもよい．

⑦ コメント

/* ではじまり */ で終わる文字列はコメントと呼ばれ，何が書いてあろうともプログラムに何の影響も与えない．プログラムの著作権や，人間がプログラムを読む際の手がかりなどを書き残しておくのに用いられる．厳密には C の文法ではなくプリプロセッサの文法である．また，C の拡張言語である C++言語では // から文末までをコメントとして扱うが，同じコメント表記が可能な C 処理系も少なくない．

3.3.2　C の基本データの種類と定義

C では，識別子，定数を用いた場合にデータに対応したメモリ領域が確保される．そのデータの種類と表記方法について簡単に示そう．

a. データ型

基本的なデータ型の種類を図 3.2 にまとめる．現時点では，4 倍長整数と拡張精度浮動小数点が使えるコンピュータは少ない．また参考のため，各データ型のおよそのデータ取り扱い範囲について表 3.1 にまとめる[*6)].

- 文字 (1 byte)
  - 符号付き (signed) char
  - 符号なし unsigned char
- 整数
  - 短 (2 byte)
    - 符号付き (signed) short (int)
    - 符号なし unsigned short (int)
  - 通常 (2byte または 4byte)
    - 符号付き (signed) int
    - 符号なし unsigned int
  - 倍長 (4 byte)
    - 符号付き (signed) long (int)
    - 符号なし unsigned long (int)
  - 4 倍長 (8 byte)
    - 符号付き (signed) long long (int)
    - 符号なし unsigned long long (int)
- 実数
  - 単精度浮動小数点 (4 byte) float
  - 倍精度浮動小数点 (8 byte) double
  - 拡張精度浮動小数点 (機種依存) long double

図 3.2 データ型の種類

表 3.1 データ型のデータ取り扱い範囲

データ型 *	バイト数	範囲
文字型 (char)	1	$-128 \sim 127$
整数型 (int)	2	$-32768 \sim 32767$
倍長整数型 (long)	4	$-2147483648 \sim 2147483647$
単精度実数 (float)	4	$-3.40282347 \times 10^{38} \sim$ $3.40282347 \times 10^{38}$
倍精度実数 (double)	8	$-1.7976931348623157 \times 10^{308} \sim$ $1.7976931348623157 \times 10^{308}$

b. 定数の表現

プログラム中に指定できる定数には，整数定数，実数定数，文字定数，文字列定数がある．これら定数の表記方法について簡単に示そう．数の内部表現についてはすでに第 2 章で述べているので，以下では C での表現例のみを示す．

① 整数定数

3 通りの整数表現が利用できる．

*6) データ型の範囲は各種 C 処理系により異なる場合があるので注意されたい．`limits.h` に記述されている．

10 進数表現 数字列 (a=64;)

8 進数表現 0 から始まる数字列 (a=0100;)

16 進数表現 0x から始まる数字と A～F, a～f の列 (a=0x4a;)

それぞれ符号ありの整数型として取り扱われるが，U, L などの接尾子を付けることにより，符号なし整数や倍長整数を表現できる．

記号	意味
接尾子なし	符号あり整数 (int):123
L	符号あり倍長整数 ((signed) long (int)):123L
U	符号なし整数 (unsigned int):123U
UL	符号なし倍長整数 (unsigned long int):123UL

② 実数定数

小数点表示または指数表示の数値表現は実数として取り扱われる．

- a=1234.0;
- a=1.234e-5; → 1.234×10^{-5} を意味する

接尾子を付けないと倍精度浮動小数点数として取り扱われるが，接尾子 F, L を付けることにより，単精度浮動小数点数や拡張精度浮動小数点数を表現できる．

記号	意味
F	単精度浮動小数点数 (float):123.0F
接尾子なし	倍精度浮動小数点数 (double):123.0
L	拡張精度浮動小数点数 (long double):123.0L

③ 文字定数と文字列定数

文字定数は，1 文字を単一引用符で括る．文字列定数は，二重引用符で括る．

- a='1';
- b="123";

単一引用符や二重引用符，改行文字などの特殊文字を定数中に用いる場合には，エスケープ文字 \[*7]を前置することが必要である．以下にエスケープ文字の前置が必要な文字を示す．エスケープ文字を含めた 2 文字を合わせて 1 文字と解釈されることに注意されたい．

*7) アスキーコードで 0x1b であり，表示する端末によっては '¥' が表示される場合もある．

文字	意味	文字	意味
\f	改頁	\b	バックスペース
\r	復帰	\n	改行
\"	"文字	\t	水平タブ
\?	?文字	\\	\文字
\0	null 文字	\'	' 文字
\a	beep		

c. 変数の宣言

変数はデータを蓄えておくメモリ領域であり，変数名とはその領域に付けられた名前である．変数を宣言すると，変数のデータ型に応じた大きさのメモリ領域が確保され，そのメモリ領域を変数名で指定することができるようになる*8)．変数の宣言は，関数の外か，ブロックの最初で行わなければならない．例えば，先に示したデータ型の表記を用いて整数型の変数 a を定義するには，次のような記述となる．

```
int a;
int b=123;
```

後者の例は，変数 b に初期値 123 を与えている．

d. コンソール入出力

C では，キーボード入力と画面出力を簡単に行う書式付きコンソール入出力関数が標準入出力関数として用意されている．それらの標準関数の書式も変数のデータ型により決まるので，その表記例を簡単に示すことにしよう．画面出力を行うための標準関数は printf()，キーボード入力を行うための関数は scanf() である．

- printf() によるコンソール出力

  第 1 引数で渡す文字列を表示する．文字列中の %... は，書式指定であり，第 2 引数以降に渡した値を文字列に変換したものに置換される．printf の書式指定文字を表 3.2，3.3，3.4 に示す．

```
printf("a=%d %lf %c\n", 2*10, 10.0/5.0, '1');
```

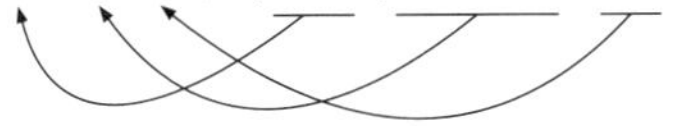

  上のような場合，“a=20 2.000000 1” と出力される．

*8) 変数名として利用できる名前は，英字で始まる 31 文字以内の英数字．予約語と重複してはならない．大文字/小文字の区別あり．

表 3.2 printf の書式指定文字 (整数)

フラグ	意味	変換文字	入力引数	出力形式
-	データの左揃え	d	整数	符号付き 10 進数
+	データの符号付き表示	i	整数	符号付き 10 進数
0	左側から 0 を詰めてデータを表示する	o	整数	符号なし 8 進数
#	8 進数で 0，16 進数で 0x を頭に付加	u	整数	符号なし 10 進数
		x	整数	符号なし 16 進数

表 3.3 printf の書式指定文字 (実数)

フラグ	意味	変換文字	入力引数	出力形式
-	データの左揃え	f	浮動小数点	
+	データの符号付き表示	e	浮動小数点	
0	左側から 0 を詰めてデータを表示する	g	浮動小数点	f,e を選択
#	小数点以下に数字がなくても 0 を出力			

注) f は符号付 dd.ddddd，e は符号付 dd.dddddde±xx (標準値は 6)

注) %nd，%n.mf とすることで，全体の表示幅 n および小数点以下の表示文字数 m を指定することができる.

注) short int，long int 整数，long double 実数を出力する場合には，それぞれ %hd，%ld，%Lf のように h, l, L を付加する.

表 3.4 printf の書式指定文字 (文字，文字列)

フラグ	意味	変換文字	入力引数	出力形式
-	データの左揃え	c	文字	1 文字出力
		s	文字列ポインタ	文字列出力

- **scanf() によるコンソール入力**

キーボードから入力された文字列を第 1 引数で渡した文字列で解釈し，第 2 引数以降に渡したポインタで示された変数領域へ値を代入する．書式指定文字を表 3.5 に示す.

表 3.5 scanf の書式指定文字

変換文字	入力	引数の型	変換文字	入力	引数の型
d	10 進数	int	D	10 進数	long
o	8 進数	int	O	8 進数	long
i	10/8/16 進数	int	I	10/8/16 進数	long
u	10 進数	unsigned int	U	10 進数	unsigned long
x	16 進数	int	X	16 進数	long
f	浮動小数点	float	lf	浮動小数点	double

注) short int，long int 整数，double，long double 実数を入力する場合には，それぞれ %hd，%ld，%lf，%Lf のように h，l，L を付加する.

前述のコンソール入出力を利用したプログラム例を図 3.3 に示す．このプログラムの出力結果は，以下のようになる．

```
/* 整数のコンソール出力 */
1234 668 4660 1234
 1234  1234  1234        1234
/* 実数のコンソール出力 */
1234.000000 -1234.000000          -0.000000
  +1234.00,-001234.00,1.234000e+03
/* 文字のコンソール出力 */
1 49 2 3 7
```

3.3.3 Cの演算子

Cにおいて，データに対する演算子は重要な役割を担う．ここでは，基本的な演算子の種類と機能について述べる．

a. 代入演算子

Cでは変数の代入を表すのに記号 = を用いる．基本的に，右辺で行われた演算結果を左辺に指定された変数の新しい値として代入する (ここで，数学的に用いる「等しい」という意味でないことに注意)．このとき，代入演算子の左辺は 1 つの変数でなければならない．

```
a1+2=9;              /* 誤った表記 */
a1=1; a1=a2=a3=a4=1; /* 正しい表記 */
```

表 3.6 に便利な代入演算子を示す．これらは，演算結果を自分自身に代入する演算子であり，例えば a+=10 は，変数 a の値に 10 を加算した値を a へ代入する．算術演算子，シフト演算子，論理演算子については次に説明する．

表 3.6 便利な代入演算子

例	等価式	例	等価式
a+=10;	a=a+10;	n<<=2;	n=n<<2;
a-=10;	a=a-10;	n>>=2;	n=n>>2;
a*=10;	a=a*10;	n&=2;	n=n&2;
a/=10;	a=a/10;	n≙2;	n=n2̂;
a%=10;	a=a%10;	n|=2;	n=n|2;

表 3.7 算術演算子

演算子	意味	例	例の結果
+	加算	a=1+1;	a は 2
-	減算	a=3-2;	a は 1
*	乗算	a=5*6;	a は 30
/	除算	a=5*2;	a は 2(整数), 2.5(実数)
%	剰余算	a=3%2;	a は 1(整数)

```
#include <stdio.h>
int main(void)
{
    /* 整数変数の定義 */
    int a,b,c,lc;    /* lc の出力結果に注意すること！ */

    /* 実数変数の定義 */
    float       d;
    double      e;
    long double le;

    /* 文字変数の定義 */
    char f;

    /* 整数定数 */
    a=1234;
    b=01234;
    c=0x1234;
    lc=1234L;

    /* 実数定数 */
    d =1234;
    e =-1.234e3;
    le=1234.0L;

    /* 文字定数 */
    f='1';

    printf("/* 整数のコンソール出力 */ \n");
    printf("%d %d %d %d \n",a,b,c,lc);
    printf("%5d %5o %5x %10ld\n",a,b,c,lc);

    printf("/* 実数のコンソール出力 */ \n");
    printf("%f %f \t %f\n",d,e,le);
    printf("%+10.2f,%+010.2f,%Le\n",d,e,le);

    printf("/* 文字のコンソール出力 */ \n");
    printf("%c %d %c %c\n",f,f,f+1,f+2);
    return 0;
}
```

図 **3.3**　標準出力関数の使用例

b. 算術演算子

算術演算子には，表3.7のようなものがある．

上記演算子を利用する場合，いくつか注意を要する点がある．剰余算は余りを求める演算であり，整数型のみに用いられるが，`%` 以外の4つの算術演算子は，すべてのデータ型で用いることができる．特殊な例としては，文字型データの演算があるが，整数型としての変換が行われ演算が実行される．また，整数型での `/`は小数点以下が切り捨てとなる．データ型の異なる変数の演算(混合演算)では，データ型のランクに応じて演算が実行される．基本的に，データ長が長いほどランクが上となる．このとき，混合演算では演算結果はその式において最もランクの高いデータ型に揃えられる．例えば，代表的な演算子の優先順位は `char < short < int < long < float < double` となっている．

c. 関係演算子

関係演算子には，変数の大小・等値関係を調べるものとして，表3.8のようなものがある[*9)]．

表 3.8 関係演算子

書式	説明
式1 `<` 式2	式1が式2より小さいとき真
式1 `>` 式2	式1が式2より大きいとき真
式1 `<=` 式2	式1が式2以下のとき真
式1 `>=` 式2	式1が式2以上のとき真
式1 `==` 式2	式1と式2が等しいとき真 (等値演算子)
式1 `!=` 式2	式1と式2が異なるとき真 (否定演算子)

ここで，式1，式2で表されるオペランドは整数でも倍精度実数でも問題なく，算術演算と同様に片方が整数でもう片方が倍精度実数の場合には，自動的に整数が倍精度実数に変換されて比較が行われる．演算結果は，条件が成立する(真である)ときTRUEとなり，条件が成立しない(偽である)ときFALSEとなる．TRUEとFALSEの扱いはコンパイラにより異なるが，多くの場合は整数の1と0とが割り当てられている．

---

*9) 条件が成立する(真である)とき演算結果はTRUEとなり，条件が成立しない(偽である)ときFALSEとなる．ここで，==と=の違いに注意しよう．

```
i=2;
j=4;
k=i<j;        /* 2<4 は真なので，k=1 */
m=i==(j+1);   /* 2=5 は偽なので，m=0 */
```

d. 論理演算子

論理演算子は条件式の論理演算を行うものであり，表 3.9 のようなものがある．

表 3.9　論理演算子

<table>
<tr><th>書式</th><th>説明</th><th>論理表現</th><th>日本語表現</th></tr>
<tr><td>!条件</td><td>条件の真偽を反転</td><td>否定</td><td>ではない</td></tr>
<tr><td>条件 1 && 条件 2</td><td>両条件の AND</td><td>論理積</td><td>かつ</td></tr>
<tr><td>条件 1 || 条件 2</td><td>両条件の OR</td><td>論理和</td><td>または</td></tr>
</table>

例えば，5 より大きく 10 より小さい変数 a の値を調べるには，a>5 && a<10 という記述となる．5<a<10 という記述はできない．誤ってこのような記述を行うと，5<a が先に評価され，その結果と 10 とが比較されてしまう．

e. ビット演算子

ビット演算子はビットごとの論理演算を行うものであり，表 3.10 に示すようなものがある．

表 3.10　ビット演算子

<table>
<tr><th>演算子</th><th>意味</th><th>役割</th></tr>
<tr><td>値 1 | 値 2</td><td>論理和 (OR)</td><td>特定のビットを 1 にする</td></tr>
<tr><td>値 1 ^ 値 2</td><td>排他的論理和 (XOR)</td><td>特定のビットを反転させる</td></tr>
<tr><td>値 1 & 値 2</td><td>論理積 (AND)</td><td>特定のビットを 0 にする</td></tr>
<tr><td>~値 1</td><td>否定 (NOT)，1 の補数</td><td>すべてのビットを反転させる</td></tr>
</table>

例えば，2 つの 16 ビット変数 a，b のビット演算は以下のようになる．

```
     a =   0000 0000 0000 0101
     b =   0000 0000 1111 1111
-------------------------------
   ~b  →   1111 1111 0000 0000
  a&b  →   0000 0000 0000 0101
  a|b  →   0000 0000 1111 1111
  a^b  →   0000 0000 1111 1010
```

f. シフト演算子

シフト演算子は高速なビット演算子であり，整数型に対して作用する．表 3.11 に示す演算子がある．

表 3.11　シフト演算子

演算子	意味	例	例の意味
>>	右シフト	a >> n	$a/2^n$
<<	左シフト	a << n	$a*2^n$

例えば，1100>>3 と 0011<<3 を考えた場合，ビット演算は次のように実行される．

```
1100>>3 の場合
   1100[12]  →  0110[ 6]  →  0011[ 3]  →  0001[ 1]
          (>>1)        (>>1)        (>>1)
```

ここで，右シフトしたとき MSD のビット値は，符号なし整数，符号あり整数で負でないときは 0，符号ありの整数で負のときは 1 がセットされる．また，LSD のビット値は切り捨てられる．

```
0011<<3 の場合
   0011[ 3]  →  0110[ 6]  →  1100[12]  →  1000[24]
          (<<1)        (<<1)        (<<1)
```

ここで，左シフトしたとき LSD のビット値には 0 がセットされ，MSD の値は切り捨てられる．

g. インクリメント演算子とデクリメント演算子

インクリメント，デクリメント演算子は増減演算の高速処理命令であり，表 3.12 のようなカウントアップ／カウントダウン操作となる．

h. 条件演算子とカンマ演算子

条件演算子，カンマ演算子とも簡潔なプログラム表記に適した演算子となっている．条件演算子は，条件に応じて 2 つのオペランドのうちどちらかが選択され演算が行われる．例えば，条件式? 式 1 : 式 2; では，条件式が真のとき式 1 が選択され，条件式が偽のとき式 2 が選択され演算が実行される．

表 3.12 インクリメント演算子とデクリメント演算子

種類	インクリメント	デクリメント	意味
前置演算子	++a	--a	値の評価前にカウントアップ/ダウン
後置演算子	a++	a--	値の評価後にカウントアップ/ダウン

```
a=10;     /*        a へ 10 を代入する                              */
b=a++;    /* b=a;   a を b へ代入後に a をインクリメントする  b=10 */
          /* a=a+1;                                           a=11 */
c=++a;    /* a=a+1; a をインクリメントした後に a を c へ代入  a=12 */
          /* c=a;                                             c=12 */
```

一方，カンマ演算子 (順次演算子) は式と式をつないで演算を実行する演算子である．例えば，a=(b=c，++b，b+5)；では，まず b に c の値が代入され，次に++b が実行され，さらに b+5 が行われ，最終の演算結果である b+5 の値が a に代入される．同例において，c=1 の場合，b=1，b=1+1=2，b=2+5，a=7 の順に演算が実行される．

i. sizeof() 演算子

メモリ利用の最適化などを行うための演算子として，sizeof() 演算子がある．例えば，次のような記述を行うことによってデータ型あるいは変数のデータサイズを整数値で知ることができる．同演算子を利用することによって，効率的なメモリ利用を考慮したプログラム開発が可能となる．

```
sizeof(int)  /* 整数型データのデータサイズ */
sizeof(a)    /* 変数 a のデータサイズ */
```

ここで，sizeof() は関数ではなく演算子であり，( ) の中にはデータ型名あるいは変数名を指定する．

C では，上記に示した演算子間の実行においてその優先順位が定義されている．よく知られているように，乗算は加算より優先順位が上位に設定されている．また，各演算子において結合規則（演算子の処理方向の優先順位を決める）に従って多くのものは左から右への処理順位となっているが，代入演算子は右から左への処理となっている．例えば，1+2*3=7 では算術演算の優先順位が (加算 < 乗算) となっているので乗算が先に実行される．ここで，優先順位が下位である演算を先にしたい場合には括弧 () を用いる．多重に括弧を用いる場合も，{} を使ってはならず，すべて丸括弧 () を用いることで，内側の括弧から

順に実行される．例えば，(((1+2)*3+4)*5)*6 のような表記となる．

j. キャスト演算子

多くの C コンパイラでは，型の異なる変数への代入など，型が違うことが検出できる場合には自動的に型変換を行うが，明示的に型変換を行いたい場合に用いられるのがキャスト (cast) 演算子である．C のデータ型を丸括弧で括り，変換したい値の前に書けばよい．文字やポインタもすべて数値とみなして型変換が行われ，また桁あふれなど変換誤差が生じる場合もあるので，注意が必要である．

```
double d;
int    i;
d = (double)i;
```

問 3.1.　整数型データを文字型データに変換するプログラムを作成せよ．scanf などの入力関数は数値入力を数値型変数にしか取り込めないため，文字型データに数値を入力する際には，このような変換が必要になる．

問 3.2.　入力された整数が素数かどうかを判別するプログラムを作成せよ．

問 3.3.　1～10 の整数乱数を発生させ，その発生回数だけアスタリスク * を表示することにより度数分布を示すプログラムを作成せよ．

3.3.4　C のプリプロセッサ機能

C のプログラミングにおいて，コンパイルの前処理を行うプログラムあるいは機能をプリプロセッサと呼んでいる．同機能は，プログラムの記述を簡略化したり条件付きコンパイルを行う場合に非常に便利である．プリプロセッサの処理の詳細については 4.2.2 項で述べる．

a. 記号定数の定義

あらかじめ定数の宣言を行うため，#define が使われる．例えば，3.14 という浮動小数点定数に PI という名前を付けるには，#define PI 3.14 と記述する．これは，識別子にも適用することができ，#define scanf Key_in とすることで，Key_in という識別子に scanf という名前が付けられ，プログラム中での Key_in という記述は scanf と同等となる．さらに，マクロ定義にも拡張でき，#define sum(a,b) (a+b) とすることで，(a+b) という演算に sum(a,b) という名前が付けられる．

b. インクルードファイル

コンパイルの前処理として，参照する関数などの型定義などを記述したファイルを指定した場所に読み込むことができる．この時，読み込まれるファイルはヘッダファイルあるいはインクルードファイルと呼ばれ，通常，拡張子 .h が用いられる．特に，ハードウェアやコンパイラに依存する部分をヘッダファイルに記述することで，ハードウェアやコンパイラの種類を考慮せずともメインプログラムの記述が可能となる．記述の仕方としては次に 2 つがある．

#include <ファイル名>	指定パスによりファイル探索
#include "ファイル名"	カレントディレクトリ，指定パスの順にファイル探索

最も標準的なインクルードファイルは，前述の例でも示している stdio.h である．これは，入出力に関する標準関数を利用する際にインクルードしなければならない．その他，算術的なライブラリ関数を提供されるインクルードファイルとして math.h がある．主な関数を表 3.13 に示しておく．

表 3.13 算術ライブラリ関数

関数名	意味	関数名	意味
fmod(x,y)	x/y の剰余	fabs(x)	絶対値 $\|x\|$
sqrt(x)	平方根 $\sqrt{x}$, $x \geq 0$	exp(x)	指数関数 e^x
log(x)	自然対数 $\log x$, $x > 0$	log10(x)	常用対数 $\ln x$, $x > 0$
pow(x,y)	べき乗 x^y	sin(x)	正弦 $\sin x$, x の単位は rad
cos(x)	余弦 $\cos x$, x の単位は rad	tan(x)	正接 $\tan x$, x の単位は rad
asin(x)	正弦の逆関数 $\arcsin x$, $-1 \leq x \leq 1$	acos(x)	余弦の逆関数 $\arccos x$, $-1 \leq x \leq 1$
atan(x)	正接の逆関数 $\arctan x$	atan2(y,x)	y/x の正接の逆関数 $\arctan(y/x)$

c. 条件付コンパイル

プリプロセッサの便利な機能の 1 つに条件付きコンパイルがあげられる．同機能を活用することで，プログラム内にてコンパイルする箇所としない箇所を分類して記述することが可能である．

例えば，次のような記述を行った場合，識別子 DEBUG が #define で定義されていれば，printf(.....) はコンパイルされる．すなわち，定義されていれば，#if の条件が真と判断され，#endif までの行が生かされる．

```
#ifdef DEBUG        /* #if defined(DEBUG) とも記述できる．  */
  printf(.....);
#endif
```

3.3.5　Cの制御構造——プログラムの流れを制御する

Cプログラムは，main 関数の先頭から順番に実行される．しかしながら，条件に応じた処理プログラムの選択や繰り返し実行が可能であれば，より複雑なプログラムを記述することができる．特に，条件に応じたプログラムの流れを制御の流れと呼び，Cでは様々な制御の流れを実現するため，いくつかの制御構造が用意されている．

a. if～else 文

if 文による制御分岐は，図 3.4 に示すように条件式 (c1) に応じて実行文 (e1) が実行されるかどうかが決まる構造となっている．また，if～else 文により，条件式 (c1) が真の時に実行文 (e1) を，偽の時に実行文 (e2) を指定することも可能である．

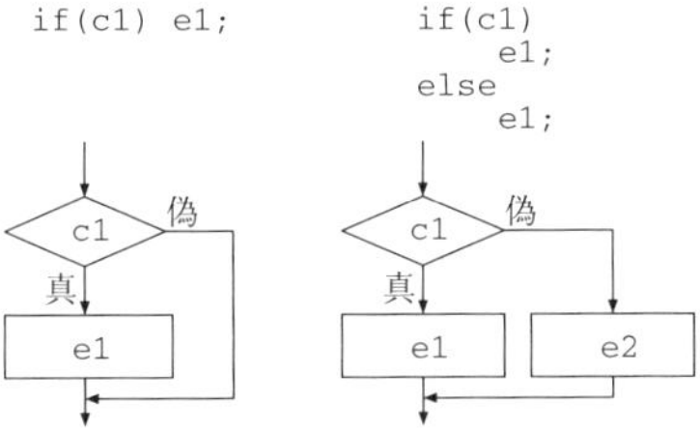

図 3.4　制御分岐 (if 文)

b. while 文と do～while 文

while 文は条件式 (c1) が成立するかぎり同じ処理 (e1) を繰り返し実行する制御構造となっている (図 3.5)．while 文と do～while 文の違いは，while 文では条件判断を行ってから文を実行しているのに対し，do～while 文は文を実行してから条件判断を行っている．つまり，最初から条件式が偽であれば while 文は実行文 (e1) を一度も実行しないが，do～while 文では 1 度は実行文 (e1) を実行することになる．

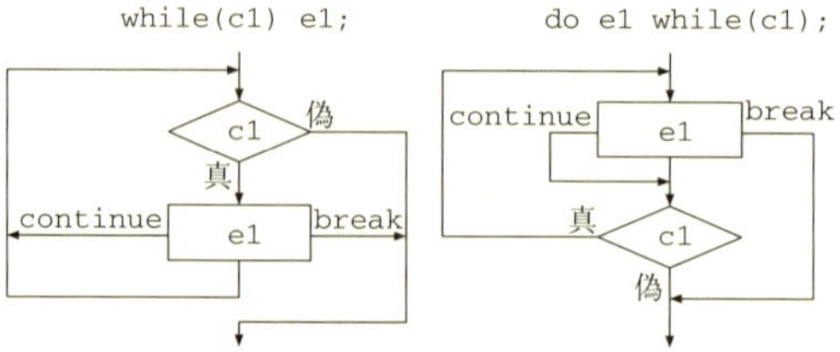

図 3.5 制御分岐 (while 文)

c. for 文

for 文も繰り返し実行のための制御文であり，図 3.6 のような記述となる．

ここで，c2 が条件式となる．つまり，c2 が真であるかぎり実行文 (c1) は繰り返し実行される．c1 は初期化を行うためのものであり，条件式 (c2) の前に一度だけ実行される．また，c3 は繰り返しごとに設定変更を行うものであり，実行文 (e1) が 1 回終わるごとに c3 が実行される．

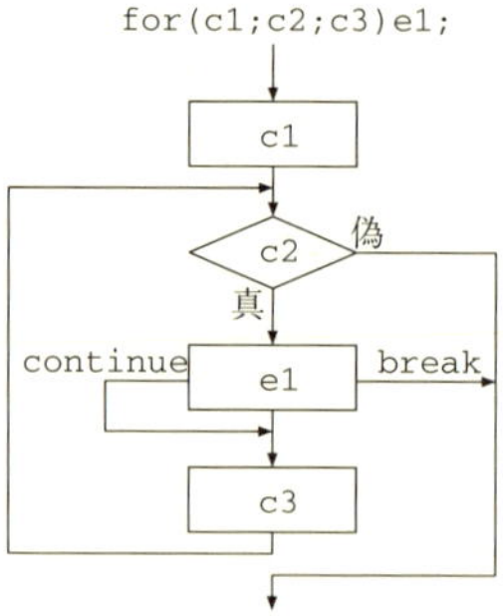

図 3.6 制御分岐 (for 文)

d. break 文と continue 文

while 文や for 文の図中には，break 文と continue 文を利用した際の流れも表記されている．これらは直ちにループから抜け出したい場合や，ある実行文をスキップしたい場合に便利である．ループ処理を途中で抜け出す時には，break 文が有効であり，ループの途中で処理をスキップし，次ステップのループ処理に移行したいときには continue 文が有効である．

e. switch 文

式の値に応じて異なる処理を行いたいときには `switch` 文と `case` 文を用いる (図 3.7).

```
switch(c2){
    case const1:
        e1;
    case const2:
        e2;
        break;
    case const3:
        e3;
    ...;
}
```

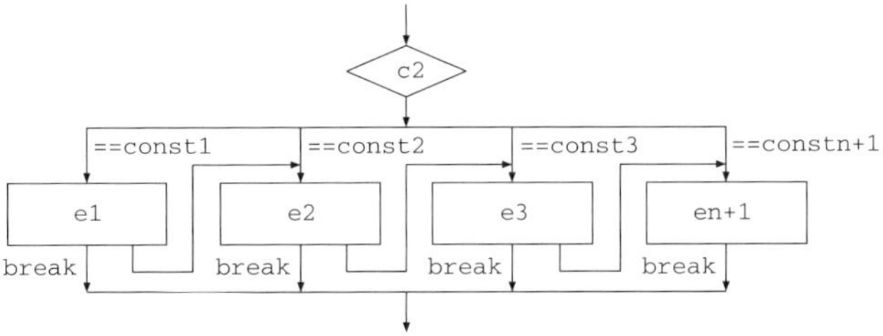

図 3.7 制御分岐 (switch 文)

f. goto 文

goto 文を用いることによって，指定されたラベルへスキップすることができる[*10)].

上記に示した制御分岐を有するプログラムとして，次のような例題を考えよう.

例題 ニュートン法により方程式の解を求めよ.

ニュートン法とは，$f(x)=0$ なる方程式の数値解法であり，図 3.8 に示すように関数の勾配値 $(=f'(x))$ を利用して解を漸近探索していく手法である．まず任意の初期値 x_0 から計算を開始する．点 $(x_0, f(x_0))$ を通り勾配 $f'(x_0)$ なる直線と x 軸との交点を求め，その x 座標値 (勾配点と呼ばれる) を x_1 とする．次に点 $(x_1, f(x_1))$ を用いて同様の計算を行い，x_2 を求める．以下，同様の作業を合計 n 回繰り返した時点で得られる勾配点を x_n とする．数列 $x_0, \ldots, x_n$ は $f(x)=0$ の解に漸近していき，$\lim_{n\to\infty} f(x_n)=0$ となる．ある勾配点から次の勾配点を求める関係式は次の漸化式 (反復式) として表される.

$$x_n = x_{n-1} - \frac{f(x_{n-1})}{f'(x_{n-1})} \tag{3.1}$$

*10) 構造化プログラミングを行うには goto は使うべきでないといわれている．多用すれば可読性が低下するが，上手に使えばきれいに記述できる場合もある.

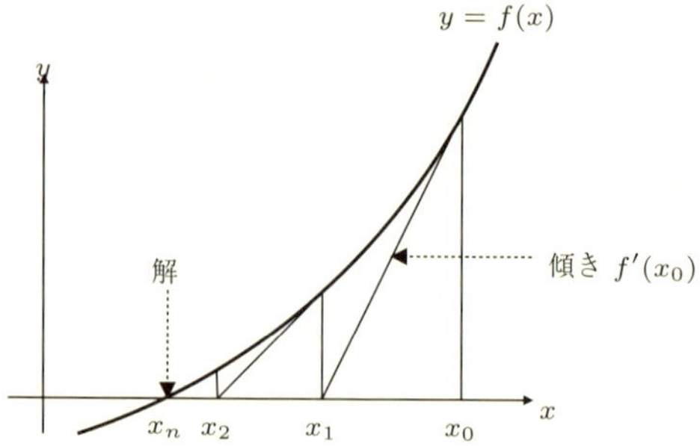

図 **3.8** ニュートン法の基本概念

```
/* ニュートン法                          */
/* f(x)=2*x*x*x-3*x-1 の解を求める. */
/* f'(x)=6*x*x-3                        */
#include <stdio.h>
#include <math.h>
int main(void)
{
      double x=2.0,xb;
      int    loop=50,i;
      for(i=1;i<=loop;i++){
            xb=x;
            x=x-(2*x*x*x-3*x-1)/(6*x*x-3);
            if(fabs(x-xb) < fabs(x)*1.0e-8){
                  printf("x=%f\n",x);
                  printf("(2*x*x*x-3*x-1=%f)\n",(2*x*x*x-3*x-1));
                  break;
            }
      }
      if (i>roop) printf("No convergence\n");
      return 0;
}
```

図 **3.9** ニュートン法のプログラム例

一般にこのような解法は反復法と呼ばれる．

図 3.9 は，ニュートン法を用いて $f(x) = 2x^3 + 3x - 1$ の解を求めるプログラム例である．また図 3.10 は，図 3.9 のプログラムの流れ図 (フローチャート，flow chart) である．

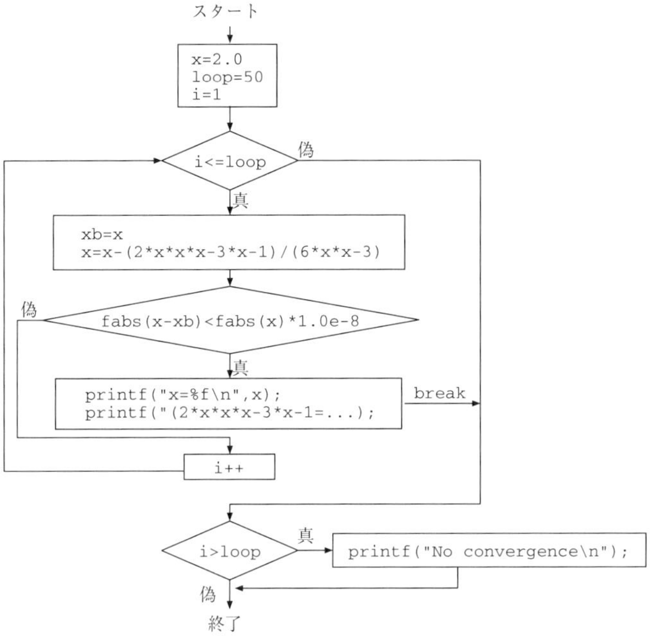

図 3.10 プログラムのフローチャート

問 3.4. `for(i=j=0;i<10;i++)j+=i;` を `while` ループを用いたプログラムに変更せよ.

問 3.5. `do{j+=i;}while(j<10);` を `for` ループを用いたプログラムに変更せよ.

3.3.6 C における関数の記述

C プログラムは, `main` 関数から開始される関数の集まりであると述べた. 本項では, 関数の定義手法とそれに関連する変数の性質について簡単に触れる. プログラム中に定義 (宣言) された関数は, 他の関数から呼び出される. 関数が呼ばれると, 引数によるデータの引き渡し*11)が行われ, 引き渡されたデータ

*11) 関数の定義に使用される引数は仮引数と呼ばれ, 実際に関数の参照値として用いられる引数を実引数と呼ぶ. ある関数 `x` から他の関数 `y` が呼び出されると, 関数 `x` の実引数の値が関数 `y` の仮引数へコピーされ関数 `y` の演算が行われる. ここで, 仮引数の値が変更されたとしても実引数の値は変化しない.

に基づいて演算が実行される．また，演算により得られた結果は関数値 (返戻値，戻り値などとも呼ばれる) として呼び出された関数へ返される．

a. 関数の定義

図 3.11 のような例を考えてみよう．ここでは，整数値が入力された 2 変数の加算が，新たに定義された関数 sum によって行われている．

```
#include <stdio.h>
int sum(int x, int y)
/* 新たに定義される関数，x と y は仮引数 */
{
     int z;
     z=x+y;
     return z;        /* return 文 */
}
int main(void)
{
     int i,j;
     printf("2 個の整数を入力して下さい：");
     scanf("%d%d", &i,&j);
     printf("入力された 2 個の整数の和は：");
     printf("%d\n",sum(i,j));    /* i,j は実引数 */
     return 0;
}
```

図 3.11 関数定義の例

前述の例のように，新たに定義される関数 (sum()) にはそのデータ型 (int) が定義され，引数が存在する場合にはそのデータ型 (int x, int y) も同様に記述される[*12)]．そして，続くブロック中に関数の中身を記述する．ここで，引数が存在しない場合には void と記述する．上記プログラムの制御の流れとしては，main → sum → main の順となり，最終的に呼び出した関数に制御が戻る．また，呼び出した関数に制御が戻るときに実行結果として渡される値を戻り値と呼び，ここでは z の値となっている．戻り値を返す時には return 文が使われ，変数は 1 つだけ指定でき，戻り値となる変数の型がその関数の型となる．

---

*12) 引数には複数個のデータが記述できるが，関数値の出力データは 1 個のみである．複数個の出力データを扱う場合には後述するポインタを利用すると便利である．

b. プロトタイプ宣言

引数の型や個数，関数値の型を確認するため関数の定義に先立って関数宣言を行うことが推奨される．上記の例のように定義される関数がプログラムのはじめに記述される場合には問題ないが，参照よりも後に関数が定義される場合には，あらかじめ関数をプロトタイプ宣言すべきである．基本的に main の前に宣言 (プロトタイプ宣言) をしてから使用する (図 3.12).

```
#include <stdio.h>
int sum(int, int); /* プロトタイプ宣言 */
                   /* ここでは引数の変数名を記述する必要はない．  */
 int main(void)
 {
      int i,j;
      printf("2 個の整数を入力して下さい：");
      scanf("%d%d", &i,&j);
      printf("入力された 2 個の整数の和は：");
      printf("%d\n",sum(i,j));
      return 0;
 }
 int sum(int x, int y)
 {
      int z;
      z=x+y;
      return z;
 }
```

図 3.12 プロトタイプ宣言の例

c. 関数間での変数の受渡し

関数間での変数の受渡しには2種類ある．1つは値呼び出し (call by value) で，変数の値のコピーを渡す方式である．標準出力関数として利用する `printf("%d\n",a);` などでは変数 a の値のコピーを printf という関数に渡しており，呼び出し側の変数を書き換えることはない．一方，参照呼び出し (call by reference) ではアドレス値を渡す．標準入力関数として利用する `scanf("%d\n",&a);` では変数 a のアドレス値を引き渡す．したがって，呼び出し側の変数の値が変化する．

d. 再帰関数

C では，再帰的に関数を定義することができる．つまり，関数は関数の中で直接的もしくは間接的に自分自身を利用することが可能である．図 3.13 に n の階乗 $n!$ を求める関数を再帰的に定義したものを示そう．

```
#include <stdio.h>
int fact(int);
int main(void)
{
      int i=5;
      printf("%ld\n",fact(i));
      return 0;
 }
 int fact(int n)
 {
      if(n==1) return 1;
      else return n*fact(n-1);   /* 再帰呼び出し */
 }
```

図 **3.13** 再帰関数の例

この例では，fact の定義の中で，定義しようとしている fact 自身を呼び出している．つまり，fact は自分自身を利用した定義となっている．ここで，プログラム例での fact の呼び出しは次のようになるであろう．このように，関数が自分自身を呼び出すことを再帰呼び出し (recursive call) という．

```
fact(5)=5*fact(4)
       =5*4*fact(3)
       =5*4*3*fact(2)
       =5*4*3*2*fact(1)
       =5*4*3*2*1
```

問 3.6. 2 つの int 型整数を引数にとり，一方が他方の約数かどうかを判定する関数を書け．

問 3.7. 2 つの int 型整数を引数にとり，両者の最大公約数を返す関数を書け．

問 3.8. 2 つの int 型整数を引数にとり，両者の最小公倍数を返す関数を書け．

問 3.9. 1 つの int 型整数 n を引数にとり，n 番目のフィボナッチ数の値を返す関数を再帰を用いて書け．フィボナッチ数 $F(n)$ は，$F(n) = F(n-1)+F(n-2)$

で与えられ，$F(1) = F(0) = 1$ である．

3.3.7 main 関数の特殊性

Cは，main 関数から開始される関数の集まりであることは何度も述べてきた．それでは main 関数は誰が呼び出すのであろうか．UNIX や Windows などの汎用オペレーティングシステム上では，プログラム開始時の処理を行うランタイム関数群が，Cのプログラムを実行するために必要十分な前処理を行った後に main 関数を呼び出す．通常，それらのランタイム関数群を利用者が変更することはない．したがって，main 関数の型を利用者が変更することはできず，常に一定なのである．一定とされている main 関数の型は，残念ながらコンパイラや実行環境に依存しているのであるが，規格上は以下のどちらかであり，いずれにしても**必ず int を返さなければならないこと**に注意されたい[*13)]．main 関数の返戻値は，子プロセスの終了コード (exit code) として，そのプログラムを起動したプロセス (親プロセス) へ返される．多くの場合，正常終了コードに0が割り当てられている．

```
int main(void); または int main(int argc, char *argv[]);
```

後者の関数型の場合，プログラム起動時の引数 (コマンド引数) が文字列配列 argv として与えられ，その個数が int の argc として与えられる．図 3.14 は

```
#include <stdio.h>
int main(int argc, char *argv[])
{
    int i;
    for(i=0; i<argc; i++){
        printf("argc[%d]=%s\n", i, argv[i]);
    }
    return 0;
}
```

図 3.14 main 関数への引数の使い方

---

*13) 他の型で宣言しても多くの場合は動作してしまうが，規格に従って記述すべきであることはいうまでもない．

実行時の引数を表示するプログラムである.

3.3.8 変数の記憶クラス

先述したような新しい関数を定義した場合, 各関数内で定義される変数の有効範囲が重要となる. 変数の有効範囲をスコープ (scope) といい, スコープは変数のクラス (class) によって決定される. 以下に変数の記憶クラスとスコープについて簡単にまとめよう.

a. 自動変数 (auto) とレジスタ変数 (register)

auto によって定義されている変数は自動変数と呼ばれる. ブロック内でクラスの指定を省略して変数を宣言すると自動変数と見做されるため, 明示的に auto の記述を行う必要はない (これまでのプログラム例ではほとんどが自動変数である). 自動変数の有効範囲は, 変数が定義されたブロック内のみである. 関数が呼び出されると, 関数が呼び出されると同時に自動変数のメモリ領域が確保され, 終了と同時にメモリ領域が解放される (図 3.15).

```
#include <stdio.h>
void func(void); /* プロトタイプ宣言 */
int main(void)
{
    auto int a;
    func();
    a=1;
    func();
    printf("%d\n", a); /* 関数 func で代入した値には関係ない */
    return 0;
}
void func(void)
{
    auto int a;         /* 関数に制御が移るたびに自動変数は新生 */
    printf("%d\n", a); /* 自動変数の初期値は不定 */
    a=2;                /* main() に制御が戻ると a の値は保持されない */
}
```

図 3.15 自動変数の確保と解放の様子

レジスタ変数は, 汎用レジスタ (1.3.4 項を参照) に割り当てられた変数であり, プログラムの処理速度を高速化したい場合に用いられる. 例えば,

register int y; のように記述する．なお，使用できる個数には上限があり，上限を超えると自動変数として取り扱われる．また，データ型には制限がある(整数型，文字型，ポインタ型のみ)．

b. 静的変数 (static)

静的変数の有効範囲は，定義された関数あるいはブロック内またはファイル内となる (図 3.16)．確保されるメモリ領域はプログラムの開始から終了まで一定となり (記憶領域固定)，プログラム全体の実行が終了するまで存在する．したがって，制御が元の関数に戻っても変数の値は保持され，再び呼び出されたときには，前の値が保存されている．初期化もプログラム実行の最初に 1 回だけ行われる．

```
#include <stdio.h>
void func(void);    /* プロトタイプ宣言 */
int main(void)
{
     int a;
     a=func();
     printf("a=%d\n",a);   /* a=2 */
     a=func();
     printf("a=%d\n",a);   /* a=3 */
     return 0;
}
void func(void)
{
     static int b=1;  /* 静的変数 */
     b=b+1;
     return b;
}
```

図 **3.16** 静的変数の例

c. 外部変数 (extern)

外部変数は，関数外部においてクラス指定せずに宣言された変数である．メモリ領域の確保ならびに寿命に関しては，静的変数と同一である．宣言されたファイル以外のファイル中で，同じ変数名を extern 指定して宣言することにより，同じメモリ領域を参照することができるようになる．大域変数 (global variable) とも呼ばれ，これに対してブロック中でしか有効でない変数は局所変

数 (local variable) と呼ばれる．

関数外部で変数を定義したいが，他のファイルからは参照できなくしたい場合には，static 指定すればよい．図 3.17 に外部変数，内部変数として同一の名前で宣言された変数の有効範囲を確認するプログラムを示そう．

```
#include <stdio.h>

int a=100;

void func1(void){
     int a=1;
     printf("In func1: %d\n",a);
     {
         int a=11;
         printf("In block of func1: %d\n",a);
     }
     printf("In func1: %d\n",a);
}

void func2(void){
     printf("In func2: %d\n",a);
}

int main(void)
{
     printf("In main: %d\n",a);
     func1();
     func2();
     printf("In main: %d\n",a);
     return 0;
}
```

図 3.17 外部変数の参照例

このプログラムの実行結果は以下のようになる．

```
In main: 100
In func1: 1
In block of func1: 11
In func1: 1
In func2: 100
In main: 100
```

ここに示した内部変数，外部変数は，記憶クラス指定子 (auto,register, static, extern) に応じて有効範囲 (スコープ：どこで参照できるか)，寿命 (データ領域がいつ確保されて，いつ消滅 (解放) するか (消滅時期))，記憶領域 (変数が記憶されている領域) が各々決まっている．表 3.14 に変数のクラスと有効範囲などをまとめた．

表 3.14　変数のクラス

<table>
<tr><td>宣言場所</td><td colspan="3">関数内，ブロック内</td><td colspan="2">関数外</td></tr>
<tr><td>クラス指定</td><td>auto
指定なし</td><td>register</td><td>static</td><td>static</td><td>指定なし</td></tr>
<tr><td>領域確保と生存時間</td><td colspan="2">ブロックに同期</td><td colspan="3">プログラムに同期</td></tr>
<tr><td>同一ファイル中で
宣言したブロック外からの参照</td><td colspan="3">不可</td><td colspan="2">可</td></tr>
<tr><td>他のファイルからの参照</td><td colspan="4">不可</td><td>可*</td></tr>
</table>

*参照するプログラムは，同じ変数名を extern 宣言する必要あり．

内部変数は，4 種類 (auto, register, static, extern) すべての記憶クラス指定子が指定できる．記憶クラス指定子を省略した場合には，auto が指定されたのと同等となる．auto の記憶クラスが指定されると，実行時に自動的に変数アドレスの割り当てや解放が行われる．一般には，関数内部で利用する一時的な変数を定義するのに使われる．この場合，関数が呼び出されたときに記憶エリアが確保されるため，自動変数の初期値を指定しないと不定な値を持つことになる．register は変数を記述する時にレジスタに記憶する．これにより，メモリのアクセスがなくなり処理の高速化が図れる．以上 2 種類は関数の実行終了時に自動消滅してしまうが，static を指定することにより自動消滅しなくなり，関数が繰り返し呼ばれても，前に関数を実行したときの値が残っている．extern を用いることにより，別のソースファイル (プログラム) で定義された外部変数を参照することができる．

例として，図 3.18 に示すように宣言された変数の有効範囲を表 3.15 にまと

表 3.15　変数の参照可否

変数の参照	func1-1()	func1-2()	func2-1()	func2-2()
可	a,b,d,e,g	a,b,g	a,b,c,f,g	a,c,g
不可	c,f	c,d,e,f	d,e	b,d,e,f

める．また，このプログラムの変数の参照関係を図 3.18 に示す．

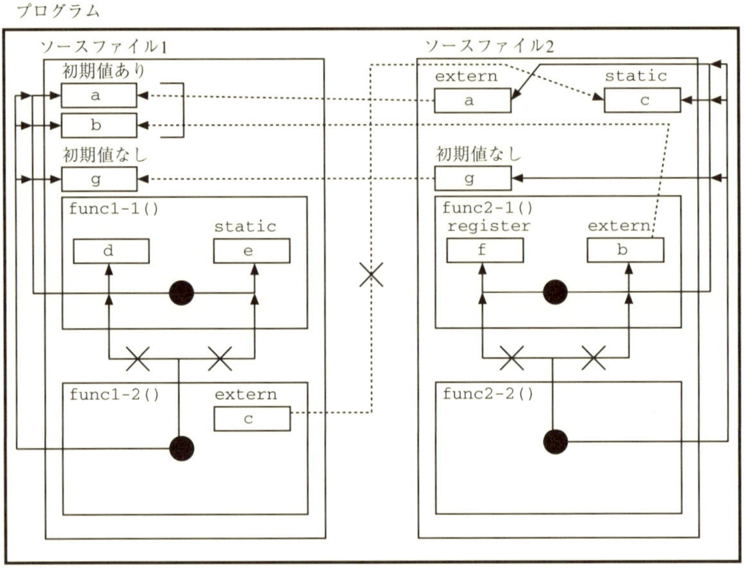

図 3.18　変数と記憶クラス

d. const と volatile

変数宣言には，記憶クラスの他にデータの性質を示す 2 つの修飾子 (`const`, `volatile`) を付加することができる．`const` はそのデータが変化しないことを示す．これは，プログラムを ROM に作成する時に用などに用いられ，その変数が ROM 領域に置かれても動作するプログラムが生成される．一方 `volatile` は，プログラムが書き込みを行わなくても変数の値が変化することを示す．これは，メモリマップされた入出力機器のレジスタなどを参照するのに用いられる．

3.3.9　配列の基本事項

データベース処理や大量の数値解析などを行う場合には，前述したように個々のデータ (基本データ) を取り扱うのみではプログラムの作成時に非常に作業効率が悪くなる．このため，多くの基本データを集合データとして取り扱う配列の概念を導入する．

a. 配列の定義

配列の定義は次のように行う.

```
データ型　配列名 [要素数];
データ型　配列名 [要素数] = {定数のならび};
```

最初の行は初期データを指定しない場合の定義例であり，次の行は初期データを与える場合の定義例である．例えば以下のようである．

```
char a[2];               /* char 型のデータ領域が 2 つ確保される  */
int  a[10],b[20],c[30];/* a,b,c の int 型配列を同時に定義        */
int  a[5]={1,2,3,4,5}; /* a[0]=1,a[1]=2,a[2]=3,a[3]=4,a[4]=5 */
int  b[]={1,2};          /* 要素数 2 の配列が初期値とともに定義  */
int  b[3]={1,2};         /* 要素数と初期化の個数が異なる場合    */
```

配列の定義により，要素数分のデータが確保され，0 番目から (要素数 −1) 番目までの要素番号が付けられる．また，複数個の配列を同時に定義することもできる．初期化時には先頭から順に初期化され，要素数を省略した場合には初期化データと同じだけの個数が配列要素として確保される．例えば，`a[5]={1,2,3,4,5};` と定義した場合の概念図を図 3.19 に示す．

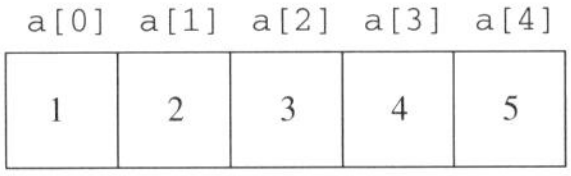

図 3.19 配列の定義と初期化

なお，要素数と初期化される配列の要素数は同じでなくともよい．

図 3.20 に配列を利用した複数整数データの加算演算のプログラムを示す．配列の利用によりプログラムが簡潔に記述できている．

b. 配列と文字列

文字型データの集まりである文字列データは，文字型配列によって取り扱うことができる．ただし，文字列データにはその終わりを示すヌル (NULL) 文字 (`0` あるいは`\0`) が付加されるため，配列要素数は文字数+1 が最低限必要となる．例えば，`char msg[100]="abcdef";` により定義されたデータは図 3.21 のように格納される．文字列データは `scanf()` で書式 `%s` を利用することにより簡単に入力できる (図 3.22).

```
#include <stdio.h>
#define MAX 5

int main(void)
{
     int a[MAX]={1,2,3,4,5},k,sum=0;

     for(k=0; k<MAX; k++)
          sum += a[k];

     printf("sum=%d\n",sum);
     return 0;
}
```

図 3.20　配列を用いたプログラム例

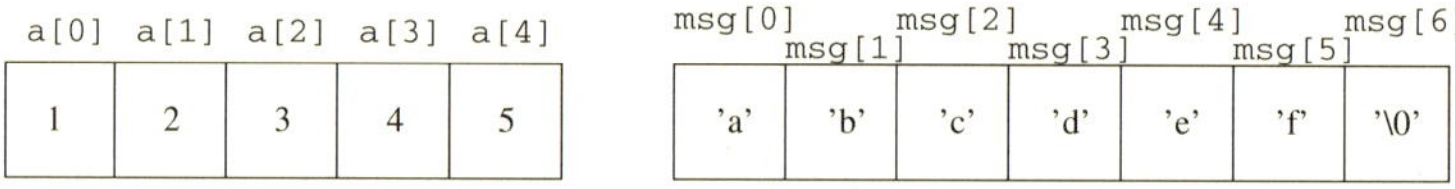

図 3.21　配列と文字列

```
/* 文字列の終りを表す文字 (0 あるいはナルコード\0) */
/* が付加 (配列要素数≧必要な文字数+1) */
 char msg[100]="abcdef";
/* 要素個数を省略して 7 文字分の領域確保 */
char msg[]="abcdef";
/* scanf, printf で文字列を扱う%s を用いる */
/* 文字列には終了記号が付いているので，長さを指定する必要はない */
scanf("%s",msg);
printf("%s\n",msg);
```

図 3.22　文字列の入出力例

c. 関数における配列の取り扱い

配列を関数に引き渡す場合には，その要素数も引数として引き渡す必要がある．しかしながら，文字型データ配列の場合にはその終わりを示す \0 が配列最終要素に含まれるため，要素数を関数へ引き渡す必要性はなく，引き渡された関数において配列要素の数を求めることが可能である．図 3.23 にプログラム例を示す．

```
#include <stdio.h>
void disp(int x[], int n){
    int k;
    for(k=0; k<n; k++)
        printf("%d",x[k]);
}
int main(void)
{
    int a[]={0,1,2,3,4}, n_a=5;
    int b[3]={2,1,0}, n_b=3;
    disp(a,n_a);
    printf("\n");
    disp(b,n_b);
    printf("\n");
    return 0;
}
```

図 3.23 配列を関数へ渡すプログラム例

この実行結果は以下のようになる.

```
01234
210
```

d. 多次元配列

前述の事項では定義される配列の添え字 ([ ] 内の値) は 1 つのみであった. 一般に, 配列に付け加える添え字の数を次元と呼び, 添え字が 1 つの配列を 1

```
int a[2][3];
float b[2][3][4];
int c[2][3]={{1,2,3},{4,5,6}};
int d[2][3]={1,2,3,4,5,6};

計算機内部では 1 次元の連続した並びとして記憶される.
int a[2][3]={{1,2,3},{4,5,6}}; は次のようなデータ順となる.
a[0][0]=1;
a[0][1]=2;
a[0][2]=3;
a[1][0]=4;
a[1][1]=5;
a[1][2]=6;
```

図 3.24 多次元配列の記述例

次元配列と呼ぶ．添え字の数は 2 個以上定義することが可能であり，2 個以上の添え字を持つ配列を総称して多次元配列と呼んでいる．図 3.24 に多次元配列の記述例を示そう．基本的なルールは 1 次元配列と同様である．

問 3.10. 2 つの 2 次元配列を用いて，3×3 行列の掛け算を行うプログラムを作成せよ．

3.3.10 ポインタ変数の基本事項

前節までに取り扱ったデータ型では，コンパイル時に自動的に割り付けられる変数のメモリ領域のアドレス値をプログラム作成時にあえて知る必要はなかった．通常，C プログラミングでは，アドレス値の直接指定などは行う必要はないが，より効率的なプログラミングを行う場合や，プログラムの実効速度を上げるためには，アドレス情報を効果的に利用することが望ましい．C ではアドレス情報を得るためのデータ型としてポインタ変数が用意されており，アドレス値を用いた効率的なプログラミングが容易に行える．

a. ポインタ変数

ポインタとは，ある変数の場所を指し示す (point する) 機能を持つものであり，ポインタを格納する変数をポインタ変数という．その概念を図示すると図 3.25 のようになるであろう．

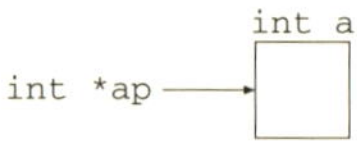

図 3.25　ポインタ

ポインタ変数の指し示す変数の値を参照するには前置演算子 * を用いる．すなわち，`*ap` によって変数 `a` の値を知ることができ，さらに `*ap=b;` によって変数 `a` の値に変数 `b` の値を代入することができる．また，前置演算子 `&` によって変数のアドレス値を取得することが可能となり，`ap=&a;` によりポインタ変数 `ap` への代入が行われる．図 3.26 は，ポインタ変数を介して変数 `b` の値を変数 `a` に代入するプログラム例である．

```
int *ap,a,b;
/* aのデータが格納されているアドレスをポインタ変数apに代入 */
ap=&a;
/* ポインタ変数apに格納されているアドレスのデータをaに代入 */
*ap=b;
```

図 3.26 ポインタ変数の使用例

ポインタ変数の取り扱いには，次のようなルールがある．

- ポインタ変数は指し示すデータの型により区別される．つまり，指し示すデータの型を用いてポインタ変数を定義する．

```
int *a;      /* 整数型のデータを指し示す */
char *b;     /* 文字型のデータを指し示す */
float *c;    /* 浮動小数点型のデータを指し示す */
```

- ポインタ変数に関する演算は，ポイントしているデータの大きさに対応して行われる．例えば以下のようである．++aなどの演算も同様にデータの大きさだけ変化する．

```
int *a,b[2],c,d;
a=&b[0];
c=b[1];
d=*(a+1);         /* アドレス値としてはsizeof(a)分だけ増加する */
```

b. ポインタ変数を用いた関数への引数引き渡し

ポインタ変数を関数への引き渡し変数とすると，大きなデータも簡単に関数へ引き渡すことができる．図3.27のような任意の2つの整数変数の内容を交換するためのswap関数を例に，ポインタ変数を用いた関数への値引き渡しを考えてみよう．このプログラムでは，変数aおよび変数bのアドレス値がswap関数に引き渡され，整数データの交換が行われている．データの流れを図3.28に示す．

図3.27では，main関数から呼ばれた関数swapにおいて，main関数内において定義された変数の操作を行っていた．一方，main関数内において呼ばれる関数内の変数を書き換えることも可能である．その場合，関数自身をポインタ変数として定義し，関数の戻り値を呼ばれた関数内で定義された変数のアドレス値とすればよい．ただし，呼ばれる関数内で定義される変数が関数の終了と

```
#include <stdio.h>
void swap(int *a, int *b);
int main(){
    int a, b;
    a=1; b=2;
    /* a と b のアドレスを実引数として関数に引き渡し */
    swap(&a,&b);
    printf("a=%d, b=%d",a,b);
    return 0;
}
/* swap 関数のポインタ変数 x には，main 関数の整数型変数 a */
/* のアドレスが格納される．y も同じく b が格納 */
void swap(int *x, int *y){
    int temp;
    temp=*x;
    *x=*y;
    *y=temp;          /* 交換には一時待避領域が必要 */
}
```

図 3.27　ポインタ変数を用いたデータ交換のプログラム例

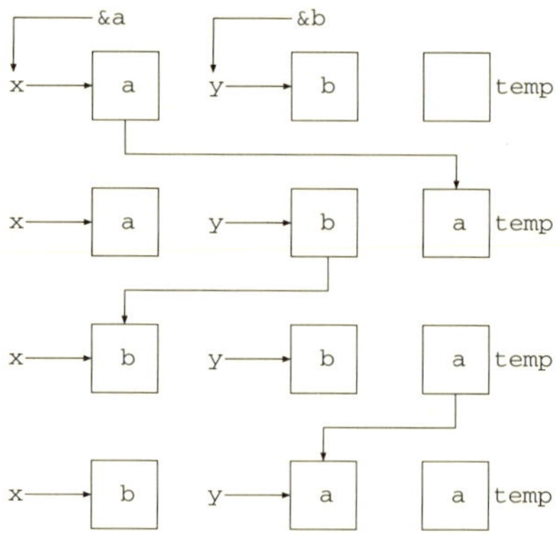

図 3.28　ポインタ変数を用いたデータ交換

ともに消滅してしまわないように，その変数を静的変数で定義することが必要であることに注意されたい．

c. 配列とポインタ変数

配列名とポインタ変数は同じような取り扱いをすることができる．例えば，次の表現はすべて配列 b[0] の内容を示すことになる．

```
    b[0], *b, *(&b[0])
```

したがって，配列名のみを取り扱う場合にはポインタ変数と考えてプログラミングを行う方が間違いが少ない．例えば，ある配列要素に順番に入力を行う場合には図 3.29 に示す 2 つの方法が考えられる．

```
int k,a[N];
for(k = 0; k < N; k++){
    printf("%d",k + 1);
    scanf("%d",&a[k]);
}
```

```
int k,*a,area[N]; a=area;
for(k = 0; k < N; k++, a++){
    printf("%d",k + 1);
    scanf("%d",a);
}
```

図 3.29 標準入力から配列への入力例

d. ポインタ配列とポインタへのポインタ変数

配列名はポインタ変数と同等の扱いをすると述べたが，ポインタ変数の配列を考えた場合，そのポインタ配列名はポインタ変数を指し示すポインタとなるので注意が必要である．例えば，図 3.30 のようなプログラムを考える．

```
char *p[7];     /* 文字型データを指し示すポインタが 7 つ定義 */
char **tp;      /* ポインタ変数を指し示すポインタを定義 */

p[1]="System"; /* 文字列が格納されている先頭アドレスを p[1] へ代入 */

tp=p+1;         /* p はポインタ変数を指すポインタと等価 */
printf("%s %s",*(p+1),*tp); /* System を 2 回表示する． */
```

図 3.30 ポインタ配列とポインタを指すポインタ変数

上記の例題を応用するとキーボードから入力したコマンド引数 (3.3.7 項を参照) を利用したプログラミングが行える．プログラム (sum.c：図 3.31) ではキーボードから 2 つの変数を入力し，加算を行った結果を出力している．

sum.c のプログラムのコンパイル，実行，実行結果は図 3.32 のようになるであろう．このとき，コマンド引数は図 3.33 のように格納された状態で main 関数が呼び出される．そして，文字列データとして格納されていた整数型データが sscanf() により変数 a, b に代入されている．

```
#include <stdio.h>    /* sum.c */
int main(int argc, char *argv[])
{
    int a, b;
    sscanf(argv[1], "%d", &a);
    sscanf(argv[2], "%d", &b);
    printf("%d+%d=%d\n", a, b, a+b);
    return 0;
}
```

図 3.31　コマンド引数を用いた加算プログラム

```
%cc -o sum sum.c
%sum 123 343
123+343=466
```

図 3.32　sum.c のコンパイル，実行，実行結果

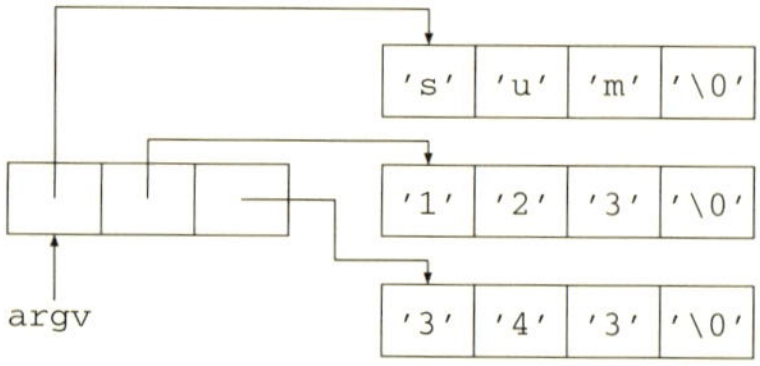

図 3.33　ポインタ変数へのポインタ

3.3.11　構造体の基本事項

前節では，同じ基本データ型の集合データの取り扱いを配列という概念を導入して行った．しかしながら，同じデータ型の集合データのみしか定義できない配列では，構成できるプログラムの制約も多くなる．そこで，本節では異なるデータ型の集合データを定義する構造体について述べよう．

a. 構造体の定義

構造体は struct という予約語を用いて以下のように定義される．

```
struct 構造体タグ名 {
        データ型 1    メンバ名 1;
        データ型 2    メンバ名 2;
        ...           ...;
} 構造体変数名;
```

表記上，構造体の名前である構造体タグ名や構造体要素であるメンバの定義を省略することが可能なため，次に示すような 2 通りの定義方法が主として用いられている．

```
struct {                /* この構造体の型には名前を付けない */
    char name[100];     /* name というメンバは、100byte の文字配列型 */
    int age;            /* age というメンバは、整数型 */
} w1,w2;                /* このような構造体変数を 2 つ定義する */
```

この例の場合，構造体の型定義と構造体変数の定義を同時にしているため，構造体タグ名は後に参照しないため省略できる．

```
struct person1{         /* person1 という名の構造体の型だけを先に定義 */
       char name[100];
       int age;
};
struct person1 w1,w2;  /* 定義した型を利用して構造体変数を定義 */
```

この例の場合，構造体タグ名は省略できないが，変数定義の際にメンバ名の列記を省略できる．上記のいずれの方法でも，メモリ内の領域確保は図 3.34 のように行われる．

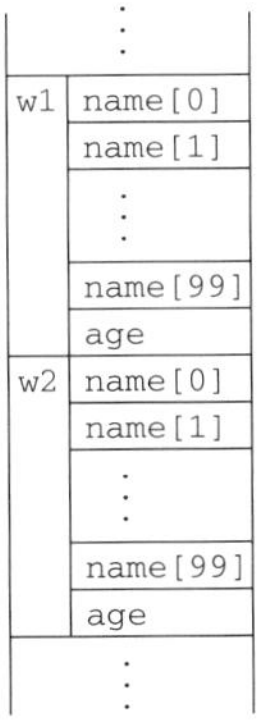

図 **3.34**　構造体 w1 と w2 のメモリ構造

以上の記述により定義された構造体内のデータを初期化したり，データをコピーするためには，以下のような記述を用いる．

```
struct person1 mura = {"Toshiyuki Murakami", 34}; /* 初期化 */
w1 = mura;                                        /* 全データコピー */
```

また，メンバごとにデータを代入したい場合は，メンバ演算子 (ドット演算子) を用いることにより構造体内のメンバを指定して，以下のような記述を用いる．

```
strcpy(w1.name, mura.name);        /* 部分データのコピー */
w1.age = mura.age;                 /* 部分データのコピー */
```

文字列をコピーする場合は，文字列コピー関数 strcpy() が用いられることに注意されたい．配列全体をコピーする場合は，ループを用いる必要がある．

```
    for(i=0; i<100; i++){
        w1.name[i] = mura.name[i];
    }
```

b. 構造体をメンバに含む構造体の定義

図 3.35 に構造体をメンバに含む構造体の定義例を示している．図中左は構造体の型定義とともに構造体変数を定義する例，図中右は構造体の型定義を先に行う例である．いずれの場合でも，図 3.36 に示す構造になる．

```
struct person2 {
    int code;
    struct{
        char *dept;
        char *univ;
    } affili;
    struct{
        int year;
        int month;
        int day;
    } birthday;
};
```

```
struct affili_tag {
    char *dept;
    char *univ;
};
struct date_tag {
    int year;
    int month;
    int day;
};
struct person2 {
    int code;
    struct affili_tag affili;
    struct date_tag   birthday;
};
```

図 3.35　構造体のメンバを含む構造体の定義例

以上の定義において，データの初期化は次のように行う．

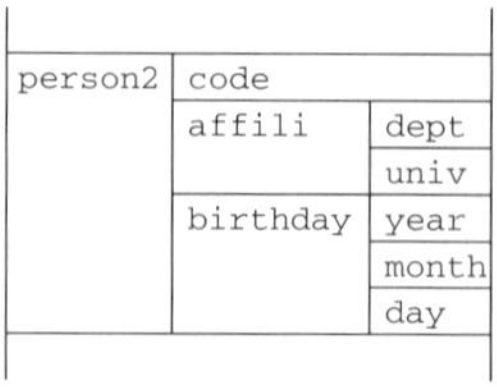

図 3.36　構造体 person2 の型

```
struct person2 mura;
mura.code=1;
mura.affili.dept="System Design Engineering";
mura.affili.univ="Keio University";
mura.birthday.year=1965;
mura.birthday.month=10;
mura.birthday.day=5;
```

Cでは，このような入れ子構造をいくらでも深くすることが可能である．

c. 構造体へのポインタと構造体メンバへのアクセス

構造体へのポインタは通常のポインタ変数と同様に使用できるが，* よりも . の方が優先順位が高いため，括弧（ ）で括る必要がある．

```
struct person2 *tp;  /* ポインタの指定 */
struct person2 ohm;  /* 構造体の定義   */
tp=&ohm;             /* ポインタへの構造体アドレスの受け渡し */
(*tp).code=1;        /* ポインタを用いたデータ代入          */
```

このような用法は頻繁に使われるのに，その都度括弧を用いるのは面倒である．そこで，構造体のポインタの指し示す先のメンバを指定する逆参照メンバ演算子 (矢印演算子) というものが用意されている．以下は，上記の最後の式とまったく等価である．

```
tp->code=1;
```

表 3.16 に構造体変数を用いた場合と構造体のポインタ変数を用いた場合の書式をまとめた．

表 3.16 構造体へのポインタを用いた表記法

構造体へのポインタ変数を使用	構造体変数を使用	意味
`*tp`	`ohm`	構造体
`tp`	`&ohm`	構造体へのポインタ
`tp->code` または `(*tp).code`	`ohm.code` または `(&ohm)->code`	構造体のメンバ
`&tp->code` または`&(*tp).code`	`&ohm.code` または`&(&ohm)->code`	構造体のメンバへのポインタ

d. 構造体の配列

通常の変数と同様に構造体の配列を定義することが可能である．

```
struct person1 sd[100];
```

この定義により確保されるメモリ構造を図 3.37 に示す．sd[1].name と (&sd[1])->name と (sd+1)->name とは等価である．

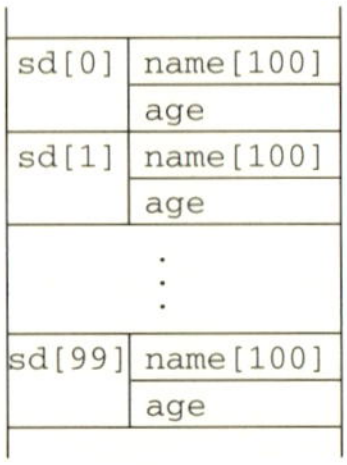

図 3.37　構造体配列のメモリ構造

e. 構造体と関数定義

構造体を関数値あるいは関数の引数として用いると複数の値をまとめてやり取りすることができるので便利である．しかしながら，構造体のメンバが非常に大きい場合には，構造体を関数値あるいは引数に使用すると，実引数の構造体メンバの値すべてが仮引数へコピーされるためプログラムの実行速度が極端に低下する．そのため，構造体を関数値あるいは引数として用いる場合にはポインタを利用することが望ましい．すなわち

```
struct person1 function(struct person1 st)
{
      ...;
}
```

という関数定義を行い

```
      struct person1 w1, w2;
      w2 = function(w1);
```

と呼び出すよりも，

```
struct person1 *function(struct person1 *st)
{
      ...;
}
```

という関数定義を行い

```
struct person1 w1, *w2;
w2 = function(&w1);
```

と呼び出す方が処理速度の視点からは望ましい*14)．

f. 自己参照型の構造体

構造体のメンバに自分と同じ構造体型へのポインタ変数を含めることで，同じ型の構造体を鎖状に取り扱うことが可能である．例えば，以下のように定義すると，`nexttp` は自分と同じ構造体を指し示すことが可能である．このようなデータ構造は鎖状リスト (linked list) と呼ばれる．鎖状リストが使用されたメモリ構造を図 3.38 に示す．

```
struct person1 {
        char name[100];
        int age;
        struct person1 *nexttp;
};
```

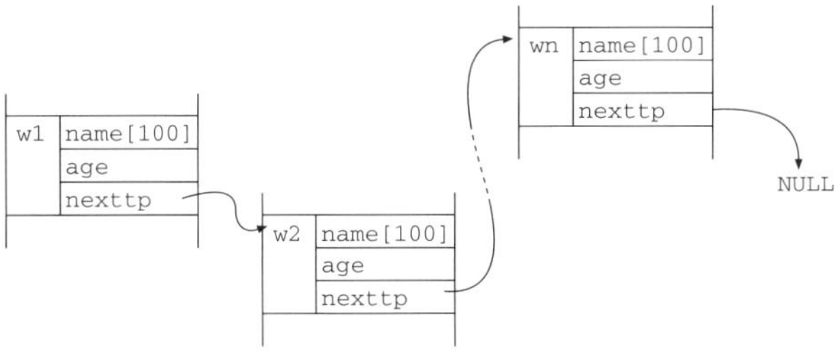

図 **3.38** 鎖状リストの構造

鎖状リストのデータ構造と配列との違いは，データ数の可変性にある．配列はプログラム作成時にデータ数を決める必要があるが，自己参照型の構造を用いた鎖状リスト構造ならばプログラム実行中に動的にデータ数を変化させることができる．図 3.39 に示す例は本書の範囲を越えるが，指定した大きさのメモリ領域を確保する `malloc()` 関数を用いて任意の数の人名を記憶して表示するプログラムである．最後の `for` ループが，配列の場合と異なり，データ数に依存しない記述であることに着目して欲しい．

*14) ANSI 以前の C では，前者の方法は許されていなかった．

```
#include <stdio.h>
#include <malloc.h>
#include <string.h>
struct person {          /* 構造体 person 型の定義 */
    char            name[100];
    struct person   *nextp;
};
struct person *create_new_person(char *name)
{   /* malloc で新しい構造体を作成し，名前をコピーする関数 */
    struct person *p;
    p = (struct person *)malloc(sizeof(struct person));
    strcpy(p->name, name);
    p->nextp = NULL;
    return p;
}
int main(int argc, char *argv[])
{
    int             i, n;
    char            name[100];
    struct person   top, *p;

    printf("How many persons?");
    scanf("%d", &n);
    p = &top;
    for(i = 0; i < n; i++){     /* 人数分だけループする */
        printf("No.%d name?", i);
        scanf("%s", name);
        p->nextp = create_new_person(name);    /* リンクを繋ぐ */
        p = p->nextp;       /* 新しいデータを指し直す */
    }
    for(p = top.nextp; p != NULL; p = p->nextp){ /* linked list のループ */
        printf("%s\n", p->name);
    }
    return 0;
}
```

図 **3.39** 鎖状リストを用いたデータベースプログラムの例

構造体と類似した機能を有するものとして共用体，ビットフィールドがあげられるが，本書では省略する．

3.3.12 ファイル操作の基本事項

前節までは，キーボードから入力したデータをどのように処理するかの処理手法について述べてきた．しかしながら，それだけでは取り扱えるデータ量に限界があり，多くのデータの入出力を行うためには不十分である．この節では，ファイルに対する入出力機能について示す．

a. ファイルとは

ファイルとは，プログラム外部に保存されたデータの集まりである．保存先はハードディスクやフロッピーディスク上であり，プログラムを終了させてもデータが消えないのが特徴である．

ファイルを取り扱うには，FILE 構造体を用いるのが簡単である．これは，ファイルを取り扱うために用意された構造体であり，stdio.h 内に定義されている．ファイル構造体の実体はシステムが用意してくれるため，ユーザはポインタを定義するだけでよい．記述例を次に示そう．

```
FILE *fp;
```

ファイルを操作するには，以下の手順に従うのが一般的である．

1）ファイルを開く (既存でない場合は作成モードで開く)

2）開いたファイルから読み出す，または開いたファイルに書き込む

3）ファイルを閉じる

b. ファイルのオープン

ファイルを開くには，fopen() 関数を用いる．fopen() は，指定したファイルを指定したモードで開く．オープンに成功した場合は，そのファイル構造体へのポインタが戻り値として返され，失敗した場合は NULL が返される．以下に，ファイルオープンのために用意されている書式を示そう．

関数の型定義	FILE *fopen(char *filename, char *mode)
モード	w：新規作成，a：新規追加，r：データ読み出し r+，w+，a+：ランダムアクセス rb，wb，ab：バイナリアクセス
記述例	fp = fopen("data.txt", "r");

c. ファイルのクローズ

ファイルを閉じるには，fclose() 関数を用いる．fclose() は，ファイル構造体へのポインタで指定したファイルを閉じる．ファイルオープンと同様にその書式を以下に示そう．

関数の型定義	`int fclose(FILE *fp)`
記述例	`i = fclose(fp);`

d. ファイルの読み書き

開いたファイルを読み書きするには，これまで習った printf() や scanf() の変形である fprintf() と fscanf() を用いるのが簡単である．

関数の型定義	`int fprintf(FILE *fp, char *format, ...)`
記述例	`fprintf(fp, "Hello %d\n", i);`

関数の型定義	`int fscanf(FILE *fp, char *format, ...)`
記述例	`fscanf(fp, "%d", &i);`

図 3.40 にファイル処理のサンプルプログラムを示す．

```
/* 個人データベース作成プログラム */
#include <stdio.h>
#include <stdlib.h>
int main(void){
     int     age;
     float   height;
     char    name[40];
     FILE    *fp;
     if((fp = fopen("a:personal.dat","w")) == NULL){
          fprintf(stderr, "ファイルのオープンに失敗しました\n");
          return 1;
     }
     for( ; ; ){
          printf("年齢, 身長, 名前の順に入力：");
          if(scanf("%d,%f,%s",&age,&height,name) < 3)
               break;
          printf("%d %f %s\n", age, height, name);
          fprintf(fp, "%d %f %s\n", age, height, name);
     }
     fclose(fp);
     return 0;
}
/* ファイルコピーのプログラム */
#include <stdio.h>
int main(int argc, char *argv[])
     {
        FILE *in, *out;
        char c;
        if(argc != 3)
           printf("Usage: %s from(file1) to(file2) \n", argv[0]);
        else{
           in  = fopen(argv[1], "r");
           out = fopen(argv[2], "w");
           while((c=fgetc(in) != EOF)
              fputc(c, out);
           fclose(out);
           fclose(in);
        }
        return 0;
     }
```

図 **3.40** ファイル操作プログラム

4 プログラミングの実際

本章では，よいプログラミングを行うための知識を学ぶ．一口に「よい」といっても様々な尺度がある．まず 4.2 節で，C を実行可能なファイルに変換する C コンパイラの働きについて簡単に見ておこう．C から機械語への翻訳者の仕事を理解することによって，実行効率のよいプログラムの書き方が身に付くであろう．次に 4.3 節では，われわれが作成したプログラムを実行する土俵であるオペレーティングシステムの役割を学ぶ．オペレーティングシステムは，まさにコンピュータの効率的な利用方法の宝庫である．オペレーティングシステムへの理解は，コンピュータ全体を効率よく働かせるためのプログラミングに大いに役立つであろう．4.4 節では，並行プロセスについて学ぶ．ここでの内容は，複数のプログラムを通信しあいながら同時実行させたい場合や，複数のプロセッサが利用可能な際に有効なマルチスレッドプログラミングに役立つであろう．最後に 4.5 節では，これまでの手続き的なプログラミングから脱出して，プログラムと数学として誤差の問題と計算時間について簡単に勉強しよう．一般に，ある計算を行うための計算手順は無数存在する．そのため，処理速度や必要とする記憶容量，見やすさなど様々な観点から比較される．特に計算量という理論的な指標を用いた比較を勉強する．これにより，計算効率のよいプログラミングを心掛けられるようになるだろう．

4.1 プログラム実行時の動作

本節では，これまで見てきた C のプログラムがコンピュータで実行される時の様子について述べる．1.3 節で述べたように，ノイマン型コンピュータ上でプログラムを実行する時は，プログラム本体と変数などの記憶領域とは，すべて同一メモリ空間内に配置される．現在では，安全性など様々の理由から，すべての記憶領域を混在させるのではなく，同じ性質を持つデータごとに分けて格納するのが一般的である．そこでまずその分類方法を示し，次に実行ファイルのデータ形式を示した後，メモリへの配置の方法について述べる．

4.1.1 セクション

プログラム本体(すなわち機械語の命令列)は，プログラム実行中に読み出しは行われるものの書き込みは行われない読み出し専用のデータである[*1)]．一方，変数は実行中に読み書きが行われるデータである．このようにプログラム実行中に参照されるデータは，いくつかの性質に分類できる．そこで，同じ性質のデータを 1 つにまとめて取り扱われるようになった．このひとまとまりをセクション (section)[*2)] という．この分け方には何通りかあり，多くの場合，表 4.1 に示す 4 つ[*3)]のセクションが利用される．テキストセクションはプログラム本体，データセクションは初期値のあるデータ，Bss セクションは初期値のないデータ，スタックセクションはスタック領域，というように想定されている．

表 4.1 セクションの種類

セクション名	実行	書き込み	初期値	大きさ
Text	可能	不可能	あり	固定
Data	不可能	可能	あり	固定
Bss	不可能	可能	なし	下方に伸びる
Stack	不可能	可能	なし	上方に伸びる

4.1.2 実行形式，ロード，実行

実行する前のプログラムは，実行形式[*4)]と呼ばれる形式のファイルとして 2

---

*1) 以前は，実行中に自らの命令列を書き換える技巧が用いられたが，このような技巧は安全性などの点から使用されなくなった．

*2) セグメント (segment) と呼ばれることもあるが，Intel 系のプロセッサでは別の意味でセグメントという語を用いるため，混乱を避けるために本書ではセクションを用いている．

*3) Bss を Data の一部と見て 3 つと数える場合もある．

*4) UNIX 系では a.out(assembler and link editor output format) 形式，coff(common object file format) 形式，elf(executable and linking format) 形式など，Microsoft 社の OS であれば COM 形式や EXE 形式などが利用されている．

次記憶装置などに格納されている．いずれもセクションの概念に沿って，テキストセクションの内容，データセクションの内容，Bss セクションの大きさ，などが識別できるように格納される．また，後に述べるリロケーションに必要とされるシンボルテーブルなども格納される．

プログラムを実行する時，オペレーティングシステム内部では，およそ以下の 4 段階の作業が行われている*5)．

1）メモリの確保

2）実行形式のロード

3）初期データの設定

4）レジスタの設定 (すなわち実行)

a. メモリの確保

メモリの確保は，プログラムが使用するメモリを予約し，使用可能な状況に設定することを意味する．具体的には，4 セクション分のメモリを使用可能にするのである．テキスト，データの 2 セクションに関しては，プログラムの実行形式から大きさが分かるので，各々に対し，その大きさの連続するメモリ領域を確保する．Bss, スタックの 2 セクションは，その大きさが未定であるため，最低限だけ確保しておいて，実行中に伸ばせるようにしておく．詳しくは 4.3.2 項を参照されたい．

b. 実行形式のロード

実行形式のロードとは，実行形式の内容をセクションごとに複写 (copy) し，再配置 (relocation) を行うことをいう．

実行形式の内容の複写は，テキストセクションとデータセクションとを，単純にメモリ内へ連続的に複写する単純な処理である (図 4.1).

テキストやデータを複写した番地や Bss の番地は，実行形式を作成した時点で既知とは限らない．つまり，実行形式の中では関数呼び出しや変数の参照は仮の番地が埋め込まれている場合があり，それらの値をメモリ内へ複写した後に実際の番地に書き直す必要がある．この処理のことを再配置と呼ぶ (図 4.2).
再配置を行うために，実行形式中のシンボルテーブルが利用される．シンボル

---

*5) 組み込み型コンピュータの場合は，ロードした後のメモリの状態を ROM に保存しておくことにより，すぐに起動できるようになっている．

テーブルは，各セクション中のどこで何を参照しているかを保持しており，この情報と複写した際の先頭番地とを用いて，書き換えるべきすべての箇所の値を実際の値に書き直すことができる．仮想記憶装置を活用したOS上で起動するプログラムは，テキストの開始番地やデータの開始番地を一定にできるため，実行形式を作る段階で再配置を行っておき，実行時には再配置を行わない方法を採用することにより実行時の処理を減らしている．一方，仮想記憶装置を利用してない組み込みシステム用にプログラムを開発する場合や，研究段階で仮想記憶装置を利用していない場合，また，仮想記憶装置を利用していても動的に読み込むデバイスドライバ*6)などを開発する場合などには，ロード時に再配置する方法を用いなければならない．

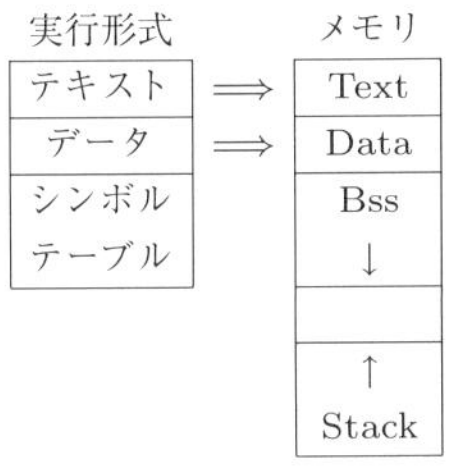

図 4.1 実行形式の複写

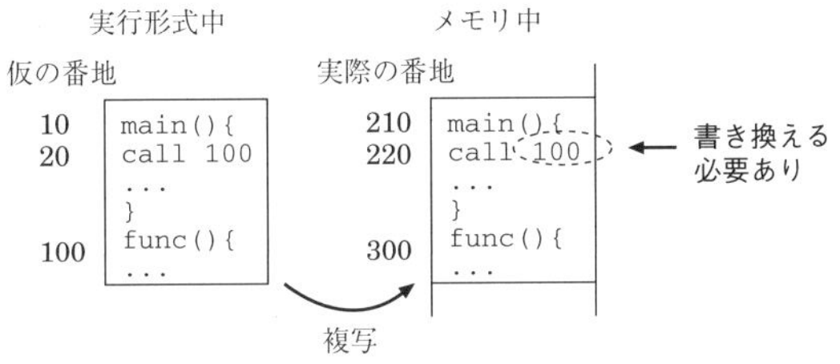

図 4.2 再配置の必要性

c. 初期データの設定

初期値が0であるべきBssセクションを0で埋める作業を行うとともに，プログラム実行時の引数を言語の規定に合わせてメモリ内に構築する．Cであれば，`main`関数の`argc`，`argv`の内容を設定することになる(図4.3).

d. レジスタの設定 (すなわち実行)

スタックレジスタなど様々なレジスタの値を設定する．その最後にプログラムカウンタの値をプログラムの先頭アドレスに設定することにより，そのプログラムの実行が開始される．

---

*6) Linux や FreeBSD のローダブルモジュール．

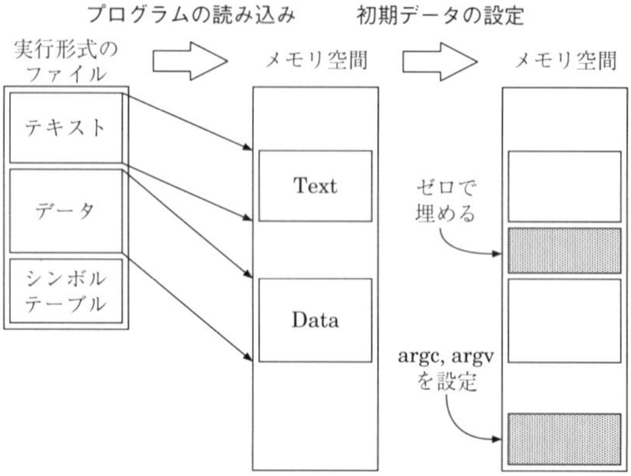

図 4.3 実行形式のロード

4.2 C コンパイラの動作

本節では，C で書かれたプログラムが，いかにして機械語に翻訳されるかを学ぼう．ここでの内容は C コンパイラの仕事そのものであり，C コンパイラによって細かな違いはあるものの，多くの C コンパイラに共通したものとしている．C コンパイラ依存の部分は，FreeBSD[*7)] と Linux[*8)] 上の gcc[*9)] を用い，Intel 社の Pentium プロセッサ向きのアセンブリ言語を出力する環境での動作を参照している．MIPS や SPARC，Alpha など他のプロセッサに関しても共通する内容であることは確認している．

先に，C コンパイラは C から機械語へ変換するプログラムであると述べた．しかし実際の C コンパイラは大きく以下の 5 つのプログラムから構成される統合システムである (図 4.4)．

① C フロントエンド (C front-end)

人が直接起動するプログラムで，以下のプログラムを間接的に起動する．

---

*7) Release 3.3
*8) カーネルのバージョンは 2.2.12.
*9) バージョンは 2.7.2.3

② C プリプロセッサ (C pre-processor)

C を入力とし，前処理 (pre-process) を済ませた C を出力する.

③ C コンパイラ (C compiler)

前処理の済んだ C を入力とし，アセンブリ言語を出力する.

④ アセンブラ (assembler)

アセンブリ言語を入力とし，機械語をオブジェクトファイル (object file) と呼ばれる形式で出力する.

⑤ リンカ (linker)

入力されたオブジェクトが必要としている様々な関数のオブジェクトをライブラリ中から読み出し，それらを繋ぎ合わせて実行形式を出力する.

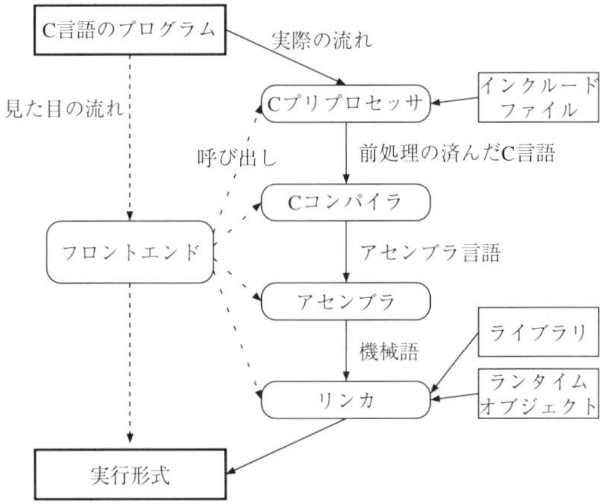

図 **4.4** C コンパイラ中の処理の流れ

複数のソースファイル (source file) から 1 つの実行形式を生成する分割コンパイルの場合は，各々のソースファイルからオブジェクトファイルまでの処理が独立に行われ，最後にリンカによって 1 つの実行形式にまとめられる (図 4.5).

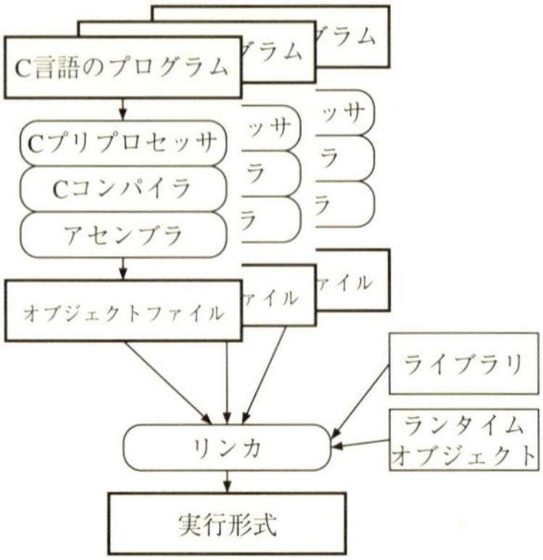

図 4.5　分割コンパイル処理の流れ

元のプログラム

```c
#include <stdio.h>
#define YEAR    1999

int main(int argc, char *argv[])
{
    printf("Hello, world %d\n", YEAR);
    return(0);
}
```

前処理の済んだプログラム

← プリプロセッサへの命令が処理され, stdio.hの内容が挿入されている

← プリプロセッサへの命令は削除される

```c
int main(int argc, char *argv[])
{
    printf("Hello, world %d\n", 1999 );
    return(0);
}
```

プリプロセッサにより置換されている

アセンブリに変換されたプログラム

```
        .section    .rodata
.LC0:
        .string "Hello, world %d\n"    ← 文字定数はデータとして取り扱われている
        .text
        .align 4
.globl main
        .type   main,@function
main:
        pushl %ebp
        movl %esp,%ebp
        pushl $1999     ← 整数定数は直値として取り扱われている
        pushl $.LC0
        call printf
        addl $8,%esp
        xorl %eax,%eax
        jmp .L1
        .p2align 4,,7
.L1:
        movl %ebp,%esp
        popl %ebp
        ret
```

機械語に変換されたプログラム

```
55              ← アセンブリの行と
89 e5             1対1に対応している
68 cf 07 00 00
68 00 00 00 00
e8 fc ff ff ff  ← printf関数のアドレスは
83 c4 08          リンクするまで分からない
31 c0
eb 07

89 ec
5d
c3
```

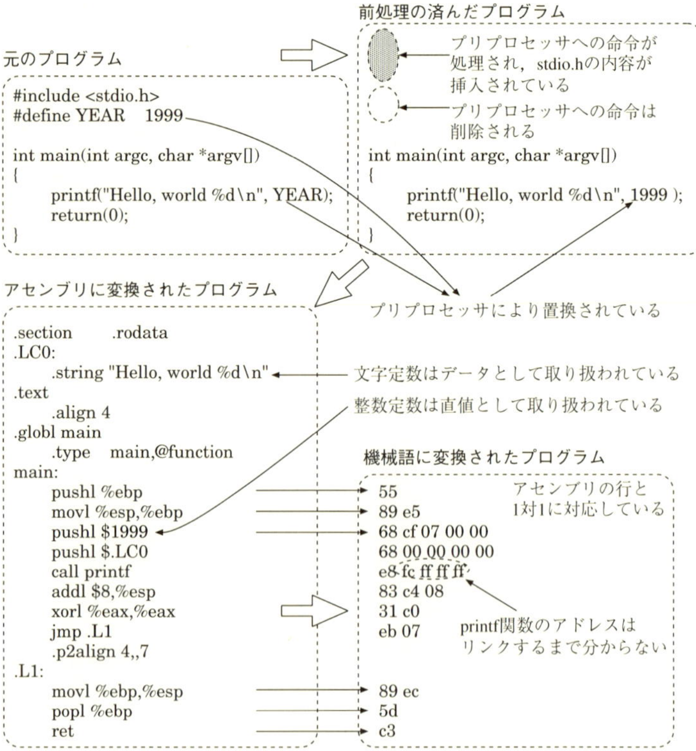

図 4.6　C の変換の様子

4.2.1 Cフロントエンド

Cフロントエンドは，オプションを指定することにより途中で処理を終了できる．例えばgccであれば，-Eを指定することにより前処理を済ませたCが出力され，-Sを指定することにより変換されたアセンブリ言語が得られ，-cを指定することにより機械語のファイルが得られる．変換途中のプログラムを参照することにより，各段階がどのような処理をしているかを実感することができる．図4.6に，簡単なCのプログラムが各段階でどのように変換されているのかを示す．アセンブラ言語との対応については4.2.3項で再び取り上げるので，ここでは，各段階の処理内容を大まかにつかんでおくだけでよい．

Microsoft社のVisual C++などは統合環境と呼ばれる視覚的なCフロントエンドプログラムが付いており，オプションの設定方法が異なる．しかし内部での処理手順は同じであり，コンパイルの途中経過を見ることは可能である．

4.2.2 Cプリプロセッサ

図4.6に示したように，Cプリプロセッサは文字列を置換したり，他のファイル内容を挿入するなどの機械的な文字列処理を行う．3.3.4項でもプログラミングの視点から取り上げているので，ここでは処理内容の視点から簡単に示すにとどめる．Cプリプロセッサ命令は，すべて # から始まる1行である．Cではないので，文末の ; は不要である．主に使用されるCプリプロセッサ命令は，以下の通りである．

① **#define**

文字列置換を定義する．例えば #define ABC DEF と記述すると，この定義行以降で出現する文字列*10) ABC をすべて DEF に置換する．

```
#define SIZE_X 10
a = 5.0 * SIZE_X;
```

⟹

```

a = 5.0 * 10;
```

置換元の文字列に括弧がある場合はマクロと呼ばれ，括弧内の文字列は置換されず，代わりに括弧内の文字列が，あたかも関数の引数かのよう

*10) Cの文字列定数ではないことに注意されたい．プリプロセッサはCの文法を認識しないため，文脈に関係なく置換する．

に用いられて他の部分が展開される.

```
#define MAX(A,B) (A>B?A:B)
a = MAX(x, y);
```

⟹

```
a = (x>y?x:y);
```

なお，展開後が誤った式とならないよう，`((A)>(B)?(A):(B))` などと必要十分な括弧を付けておくことに注意されたい.

② #undef

文字列置換やマクロの定義を無効化する. 例えば `#undef ABC` と記述すると，先に定義された ABC の置換がこの行以降で無効化される.

③ #include

指定したファイルを挿入する.

```
#include <header.h>
```

⟹ ファイル `header.h` の内容が挿入される

このように挿入されるファイルはインクルードファイルと呼ばれる. インクルードファイルは，プログラムの開発者がプログラムと一緒に作成したファイルである場合と，システムに付属しているファイルの場合との両方があり，保管場所が異なる. そこで，ファイル名を括る記号を変えることにより，ファイル探索箇所を切り替えるようになっている. `< >` で括った場合はシステムのヘッダファイルが納められたディレクトリを探す. `" "` で括った場合は，まずカレントディレクトリを探し，なければシステムのディレクトリを探す.

④ #ifdef, #ifndef

指定する置換やマクロが定義されているかどうかに応じて，次の行から `#else` または `#endif` までの行を，そのまま残すか削除する. プリプロセッサは，プリプロセッサ命令があった行を空白行に置き換える. そのため，プリプロセッサで処理されたプログラムは，下記のように空白行が多くなる.

```
#define ABC
#ifdef ABC
a = 1;
#else
a = 2;
#endif
#ifndef ABC
b = 1;
#else
b = 2;
#endif
```

⟹

```


a = 1;






b = 2;

```

⑤ #if

指定する定数式を評価し，その結果が 0 以外の時に次の行から `#else` または `#endif` までの行を提示する．

```
#define SIZE_X 10
#if SIZE_X >= 5
a = 1;
#endif
```

⟹

```


a = 1;

```

`defined()` という表現を用いることにより，置換やマクロが定義されているかどうかという条件を定数式中に埋め込むことが可能である．

```
#if defined(SIZE_Y) && (SIZE_Y >= 5)
a = 1;
```

⟹

```


```

⑥ #else, #endif

`#ifdef` や `#if` の処理の区切りを示す．

C プリプロセッサへの命令は他にもあるが，ここでは省略する．上記の例から分かるように，C プリプロセッサは C に特化されたものではない．そのため C プリプロセッサは，C のプログラム以外のテキストファイルに対しても，しばしば用いられる．

4.2.3 C からアセンブリへの変換

プリプロセッサが処理した純粋な C プログラムを，アセンブリ言語へ処理するのが C コンパイラの役割である．アセンブリ言語は，そのプログラムを実行するプロセッサ独自の言語である．ここでは，先述のように Pentium を対象にする．

a. 変数の取り扱い

Cは，変数の記憶クラス(自動変数，レジスタ変数，静的変数)，内部変数か外部変数かの違い，により様々な種類の変数が取り扱える．しかし，1.3.3項で示したように，ノイマン型コンピュータでは，記憶領域はメモリかレジスタかしか存在しない．そのためCの変数は，最終的にはメモリかレジスタかのどちらかに対応付けられる．

最も頻繁に用いられるローカル変数から調べてみよう．例えば次のようなプログラムをコンパイルし[*11)]，アセンブリ言語を出力させて[*12)]読んでみればよい．

```
int main(void) {
    int a=1, b=2, c=3;
    return 0;
}
```

変数に初期値を代入する部分を探すだけならば，さほどアセンブリ言語を知らずとも想像が付くだろう．当該部分は，このようにコンパイルされていた．

```
movl $1,-4(%ebp)
movl $2,-8(%ebp)
movl $3,-12(%ebp)
```

レジスタ名に関しては表1.14を参照されたい．また，`movl`は，第1オペランドの値を第2オペランドに代入するアセンブリ命令であり，オペランドの“$”は直値を，“値(%レジスタ名)”はレジスタ値からの相対アドレスで指定されるメモリを意味する．以上から，変数`a`，`b`，`c`はレジスタEBPからの相対アドレスで示されるメモリ中に割り当てられていることが確認できる．多くの場合，ローカル変数は1つのレジスタからの相対アドレスで示されるメモリ中に割り当てられる．

次に，ローカルなレジスタ変数はどこに割り当てられるのかを調べてみよう．

---

*11) このような意味のない変数定義は最適化してしまうと何も残らないため，最適化しないようにコンパイルする必要がある．大抵のコンパイラでは，`-O0`が最適化なしのコンパイルオプションである．

*12) 通常は`-S`オプション．

名前からは，レジスタ変数は個々に独立のレジスタへ対応付けられるように連想される．しかし，C では任意の個数のレジスタ変数を自由に宣言できるが，レジスタの個数は有限であるため，すべてのレジスタ変数をレジスタへ同時に割り当てるのは不可能である．そこで一般には，ある上限個数までをレジスタへ割り当てて，その上限値を越えた場合は順次 `register` 修飾がなかったものとして取り扱われる．C が自由に利用できるレジスタの個数は，プロセッサの種類や OS，コンパイラに依存するが，おおよそ数個である．本当にレジスタへ割り当てて欲しい変数がメモリへ割り当てられてしまうことのないように，自分が利用しているプログラミング環境がいくつのレジスタ変数を取り扱えるかを確認し，本当にレジスタへ割り当てたい変数だけをレジスタ変数宣言すべきである．いくつのレジスタ変数が取り扱えるかを調べるために，以下のようなプログラムをコンパイルしてみよう．

```
int main(void) {
    register int a=1, b=2, c=3, d=4, e=5, f=6, g=7, h=8, i=9;
    return 0;
}
```

すると，当該部分はこのようにコンパイルされていた．

```
movl $1,%eax
movl $2,%edx
movl $3,%ecx
movl $4,%ebx
movl $5,%esi
movl $6,%edi
movl $7,-4(%ebp)
movl $8,-8(%ebp)
movl $9,-12(%ebp)
```

変数 `a` から変数 `f` までの 6 変数はレジスタに割り当てられ，残りの変数は先のローカル変数と同様にメモリが割り当てられていることが確認された．

最後に，外部変数を含めた様々な記憶クラスの変数の割り当てについて確認しておこう．図 4.7 のようなソースプログラムを考える．

このプログラムから生成されたアセンブリの全リストを図 4.8 に示す．寿命が関数と一緒のものがレジスタからの相対アドレスとして割り当てられ，永続

```
int a;
int b=1;
static int c;
static int d=2;
extern int e;

int main(void){
    int f, g=3;
    static int h, i=4;
    register int j, k=5;
    j = e;
    return 0;
}
```

図 4.7 変数への領域割り当て調査プログラム

的で初期値のある変数がデータセクションに割り当てられ，さらに永続的だが初期値のない変数が Bss セクションに割り当てられることが確認できる．また，変数名を .globl 宣言あるいは .local 宣言することにより，他のファイルから参照可能にするか否かを決めており，外部変数に対しては領域を確保していないことが分かる．実際に，各変数のポインタ値 (すなわちアドレス) を表示することにより，メモリ中にどのように配置されているかを実感することができる．結果は実行環境により異なるので，ぜひ試みられたい．

b. 関数呼び出しの仕組み，スタックフレーム

関数を呼び出す際に，引数はどのように渡されるのであろうか．関数からの返戻値は，どのように戻されるのであろうか．また，どのようにして関数やブロックごとに内部変数を定義できるようにしたり，再帰呼び出しを可能にしているのだろうか．

これらの C の特徴をノイマン型コンピュータで実現するために，スタックフレーム (stack frame) と呼ばれるメモリ構造が利用されている．スタックフレームとは，スタック上にフレームと呼ばれる決められたデータ構造を積み重ねて使用するデータ構造のことをいい，C に限らずブロック構造の言語で広く使用されている．

先のローカル変数へのメモリ割り当て方法を思い出して欲しい．ローカル変数には，ある特定のレジスタからの相対アドレスで示されるメモリ領域を割り

```
.globl b                        bは外部に見せると宣言．bとdとの違いはここ．
.data                           b,d,h,iは，データセクション中に配置される
        .p2align 2
        .type    b,@object
        .size    b,4
b:
        .long 1                 bの初期値1は，データ中に埋め込まれている
        .p2align 2
        .type    d,@object
        .size    d,4
d:
        .long 2                 dの初期値2
        .local  h.2
        .comm   h.2,4,4         hは初期値がないので，領域だけ確保されている
        .p2align 2
        .type    i.3,@object
        .size    i.3,4
i.3:
        .long 4                 iの初期値4
.text                           この行以降は，テキストセクション
        .p2align 2
.globl main
        .type    main,@function
main:                           main関数の始まり
        pushl %ebp
        movl %esp,%ebp
        subl $8,%esp
        movl $3,-8(%ebp)        gの初期値3は，関数実行時に代入される
        movl $5,%ecx            kの初期値5も，関数実行時に代入される
        movl e,%edx             jに代入するeは，どこにも宣言されていない
        xorl %eax,%eax
        jmp .L1
        .p2align 2,0x90
.L1:
        leave
        ret
.Lfe1:
        .size    main,.Lfe1-main
        .comm   a,4,4           初期値のない外部変数aは，サイズだけが宣言される
        .local  c               cは外に見せないと宣言．
        .comm   c,4,4
```

図 **4.8** アセンブリリスト

当てられていた．このことから，ローカル変数は関数ごとに局所的に集めて格納され，関数が切り替わる際に当該レジスタの値を切り替えていることが予想される．もう１つ，Ｃでは再帰呼び出しが許されていることを思い出そう．再帰呼び出しとは，すでに 3.3.6 項の d. で述べたが，間接的あるいは直接的に，関数呼び出しが元の関数に戻ることである (図 4.9).

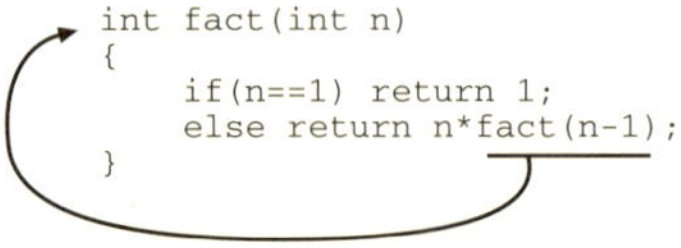
int fact(int n)
{
if(n==1) return 1;
else return n*fact(n-1);
}

図 4.9 関数の再帰呼び出し

再帰呼び出しを行うと，１つの関数のローカル変数は，複数の実体が同時に存在する．このことから，関数ごとにローカル変数領域を確保しているのではなく，関数へ入るたびにローカル変数領域を確保し，関数から出た時点でその領域を解放していることが予想される．関数へ入る際にスタック上にローカル変数領域などを積み，関数から出る際に積んだ分だけスタックから開放するのがスタックフレームの思想である．

スタックフレームの具体的な動作を見ていこう．先のアセンブリリスト (図 4.8) の，`main` 関数の開始部を図 4.10 に再掲する．ローカル変数を使う関数は，まず図 4.10 中の L1 行で関数が呼び出された時点の EBP をスタックへ積んで値を保存しておき，次に L2 行で EBP を ESP へずらし，最後に L3 行でローカル変数のサイズだけ ESP を上方にずらすことにより，EBP の上から ESP までの領域をローカル変数領域として確保している．

関数の終了部を (わずか１行だけであるが) 図 4.11 に再掲する．関数を終了する場合は，ずらしていた ESP を元に戻し，スタック上から以前の EBP の値を元に戻すことにより，以前の ESP と EBP の値に復旧している[*13)]．以上のように，スタックフレームは，２つのレジスタの値を用いることにより，スタック上に一時的なデータ領域を確保/開放している．なお，以上の例は Pentium

*13) leave は，このようなスタックフレームを取り扱うために用意された特殊な命令であり，開始時と逆の手順である `movl %ebp,%esp; popl %ebp;` と実行するのと等価である．

`L1: pushl %ebp`	EBP の内容をスタックへ積む
`L2: movl %esp,%ebp`	ESP の内容を EBP に代入
`L3: subl $8,%esp`	ESP の値から 8 を減じる

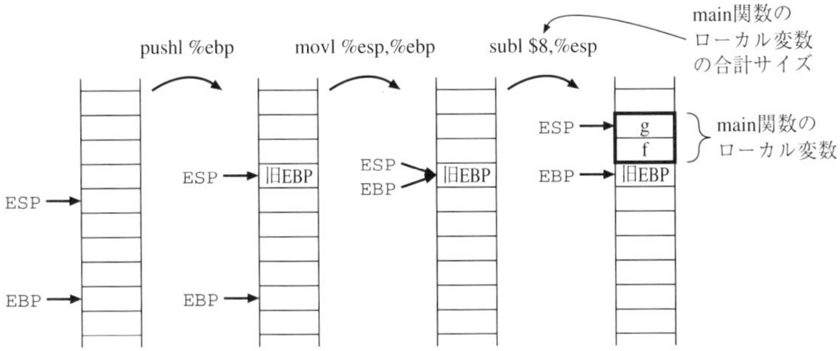

図 **4.10** 関数開始部の処理

`leave`	EBP を ESP へ代入した後に スタックから取り出し EBP へ代入

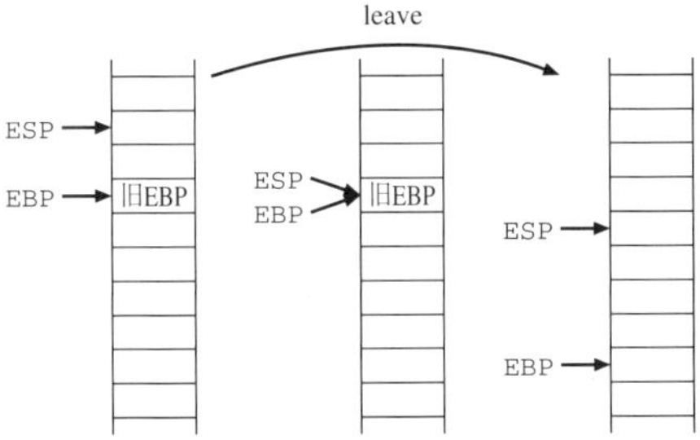

図 **4.11** 関数終了部の処理

のアセンブリ言語を用いていたが，他のプロセッサの場合でも 2 つのレジスタを用いてスタックフレームを実現することは共通している．

さらに踏み込んで，関数への引数や返戻値がどのように受け渡しされるのかを調べてみよう．次のプログラムを用いれば，引数がどのように渡されるか，返戻値がどのように返されるかが分かるであろう．

```
int main(void)
{
    int i;
    i=f(1, 2);
}
int f(int a, int b)
{
    int j;
    j = a+b;
    return j;
}
```

関数 f() の呼び出しに関わる部分は，以下のようなアセンブリリストであった.

```
main:
    以上略
    pushl $2
    pushl $1
    call f
    以下略
f:
    pushl %ebp
    movl %esp,%ebp
    subl $4,%esp
    以下略
```

この時のスタックフレームの変化を図 4.12 に示す．同図から，まず関数への引数を後ろから順にスタックへ積み，次に関数の終了時には次の命令のところへ戻れるように元の実行番地をスタックに積み，そして関数内に進入していくことが分かる．関数内での引数のアクセス方法は，ローカル変数と同様にレジスタ EBP からの相対アドレスが用いられるが，EBP よりも上か下かが異なる.

関数の終了に関わる部分は，以下のようなアセンブリリストであった (実行順序に沿うように main を後に書いている).

```
f:
    以上略
    movl -4(%ebp),%eax
    leave
    ret
main:
    以上略
    addl $8,%esp
    movl %eax,-4(%ebp)
```

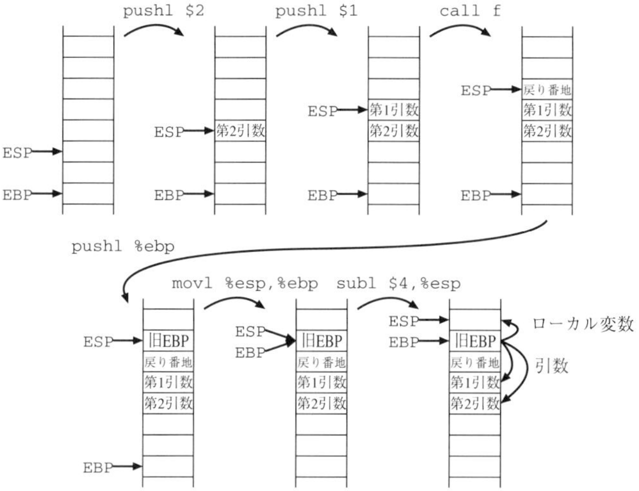

図 4.12 関数呼び出しの様子

このことから，返戻値はレジスタ EAX の値として返されていることが分かる．メモリに格納して返すよりもレジスタの値として返した方が高速であるため，一般に int 型を返戻値として返す場合は，特定のレジスタの値として返される場合が多い．

以上のことから，C におけるスタックフレームの構造が理解できる．ある関数が実行時に取り扱う引数とローカル変数は図 4.13 左のように格納され，あるレジスタ値の相対アドレスによりアクセスされる．関数呼び出しが行われると，現在のスタックフレームの上に専用のフレームが構築され，関数から戻る時に

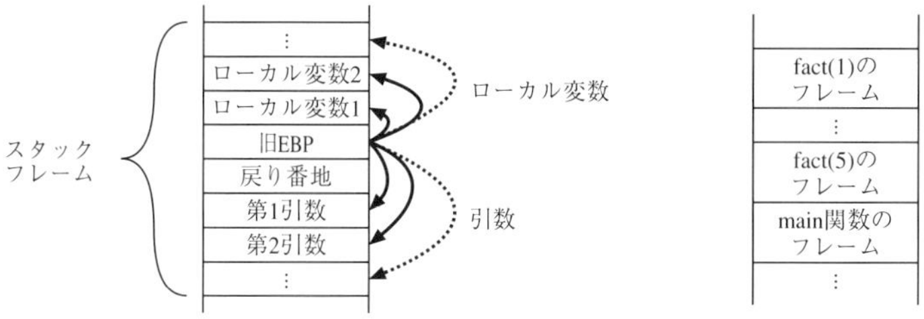

図 4.13 スタックフレームの構造 (左) とその例 (右)

フレームは破棄される．図 3.13 のプログラムを実行した際のスタックが一番上に成長した (すなわち再帰呼び出しが最も深くなった) 時点のスタックフレームを図 4.13 右に示す．

スタックは C において非常に重要な役割を果たしている．ローカル変数，関数への引数，そして実行番地までもが 1 つのスタック上に積まれている．したがって，バグなどによりスタックを壊してしまうと，いとも簡単に元の関数へ戻れなくなり暴走する．ローカル変数のポインタや引数のポインタは，特に慎重に扱わなければいけないことが分かるだろう．また，ローカル変数は関数が呼び出された時点でスタック上に領域が確保されるだけであるから，初期化されていないのである．

問 4.1. 以前の C[*14)]では構造体など大きなサイズのデータを返戻値とすることはできなかったが，ANSI 規格の C では構造体を返戻値とすることが可能になった．どのように返戻値を渡しているのか調べてみよ[*15)]．

c. スタックフレームの追跡

実行中のプログラムのスタックの内容は，先のスタックフレームの構造から，ある関数へ行き着くまでの履歴である．したがって，実行中のある時点でスタックを下方向に解析することにより，`main` 関数から現在までに呼び出されてきた関数や引数の値が得られる．このような作業のことを，スタックフレームのバックトレース (back trace) という．C プログラムの実行時の誤り (バグ, bug) の発見を支援するプログラムである C デバッガ (debugger) の多くは，このような機能を有しており，ある状況になった経緯を知る上で有用である．以下に，先の再帰呼び出しのプログラムを，デバッガ gdb [*16)] を用いてバックトレースを行った結果を示す．

---

*14) Brian W. Kernighan と Dennis M. Riche が設計・開発したため，K&R 版または KR と呼ばれる．

*15) データをコピーする作業が埋め込まれるため，計算が遅くなってしまう原因になるであろうことが容易に想像できる．

*16) GNU debugger.

```
(gdb) break fact                    fact 関数の最初で停止するように指示
Breakpoint 1 at 0x8048417: file fact.c, line 11.
(gdb) condition 1 n==1              停止する条件として n==1 を指示
(gdb) run                           実行せよと指示
Starting program: /usr/home/yakoh/doc/asakura/prog/fact

Breakpoint 1, fact (n=1) at fact.c:11     停止した
11              if(n==1) return 1;
(gdb) where                         スタックトレースを実行
#0  fact (n=1) at fact.c:11
#1  0x8048432 in fact (n=2) at fact.c:12
#2  0x8048432 in fact (n=3) at fact.c:12
#3  0x8048432 in fact (n=4) at fact.c:12
#4  0x8048432 in fact (n=5) at fact.c:12
#5  0x80483f6 in main () at fact.c:6
#6  0x804837d in _start ()
(gdb)
```

デバッガの使用方法に関しては本書の範囲を越えるので割愛するが，スタックトレースの出力結果は，下の行 (#6) から上の行 (#0) に向かって次のように解釈する．`main` 関数中 (`fact.c` の 6 行目) から `fact(5)` が呼び出され，そこから `fact(4)` が呼び出され，…，`fact(2)` 中 (`fact.c` の 12 行目) から `fact(1)` が呼び出されて 11 行目で停止している．

4.2.4 リンカとライブラリ

リンカは，機械語のプログラムが含まれた 1 つ以上のオブジェクトファイルを 1 つにまとめ，実行形式を作成する．各オブジェクトファイルはテキストセクションやデータセクションなど複数のセクションで構成されているので，セクションごとに繋ぎ合わせを行う．

a. ライブラリからの抽出

リンカの役割はこれだけではない．`printf` など C の標準関数の定義はソースファイル中には存在しない．そのような標準関数は，必要に応じて，すなわち呼び出されている関数だけをライブラリ中から探し出して複製し，他のオブジェクトファイルと一緒に繋ぎ合わされて実行形式中に埋め込まれる．このように，ライブラリ中から複製を引き出す処理もリンカの役割の 1 つである．

ところで，`printf` などの代表的な標準関数は，ほとんどのプログラムで使

用される．それらの実行形式に同じ関数の複製が組み込まれてしまうのは，2次記憶装置の記憶容量の無駄であるし，それらのプログラムが同時に実行される場合にはメモリ容量の無駄にもなる．そこで最近では，頻繁に用いられるライブラリ関数はメモリ内に1つだけしか存在しないように，複数のプログラムで共有する仕組みが導入されている．そのようなライブラリを共有ライブラリ (shared library)*17) といい，実行時に共有ライブラリとリンクすることを動的リンク (dynamic link) という．これに対して従来のリンクは静的リンク (static link) と呼ばれる．

b. 再配置

再配置もリンカの役割になっている．4.1.2項の図4.5にも示したように，複数のソースファイルから1つの実行形式を生成する分割コンパイルの場合，各々のソースファイルからオブジェクトファイル生成までのコンパイル処理は独立して行われる．あるソースファイルが他のソースファイル中で定義される関数や大域変数を利用する時，オブジェクトファイルの段階では当該変数がメモリ中のどこに存在するのかを知り得ないため，オブジェクトファイル中では，外部の関数や変数を参照する箇所には仮の番地が格納されている．実行時に再配置が行われる場合は，仮の番地のまま放置しても構わない．一方，仮想記憶装置を活用した近年のOS上で起動する一般プログラムの場合，テキストやデータの開始番地は固定されており，ロード時には再配置を行わない場合が多く，再配置の役割はリンカが担うことになる．リンカは，固定された開始番地に合わせて再配置を行い，すべての番地を正規の番地に書き換えた実行形式を作成する．

多くのUNIX系OSには `file` というコマンドがあり，あるファイルがどのような内容であるかを表示することができる．例えば，オブジェクトファイルと実行形式ファイルとの内容を表示すると，以下のようになる．

```
hello.o: ELF 32-bit LSB relocatable, Intel 80386, version 1,
         not stripped
hello:   ELF 32-bit LSB executable, Intel 80386, version 1,
         dynamically linked, not stripped
```

オブジェクトファイルはまだ再配置可能 (relocatable) な状態であり，実行形式

*17) または共有オブジェクト (shared object) ともいう．

ファイルは再配置が済んだ状態である．ファイル中からシンボルテーブルを消し去る作業はストリップ (strip) と呼ばれるため，`not stripped` とはシンボルテーブルを含んでいる状態であることを表現している．`dynamically linked` は，動的リンクしているファイルであることを示している．動的リンクの使える環境では，特に指定せずに実行形式を作成すると動的リンクを選択するようになっている．あえて静的リンクを選択する場合，リンカのオプションを適切に指定することにより，`statically linked` な実行形式ファイルを得ることができよう．ファイルの大きさを比較すれば，静的リンクを行った実行形式の方が大きいことが確認できる．

4.3 オペレーティングシステムの役割

1.5 節において，オペレーティングシステムの役割の 1 つであるハードウェア抽象化について触れた．ここでは，それを含めたオペレーティングシステムの役割について簡単に学ぼう．

オペレーティングシステムがハードウェアを抽象化するのは，人間がハードウェアの細かな違いを意識せずにコンピュータを使いやすくするためであると先に述べた．しかし，オペレーティングシステムの存在意義はそれだけではない．例えば，複数の利用者が 1 台のコンピュータを共同利用する場合を考えた時，すべての利用者に対して公平にサービス提供すべきであることは自然な思想である．このような考え方は公平性 (fairness) と呼ばれる．また，利用者の一人が誤りのあるプログラムを実行した時，それが原因で他の利用者のプログラムやコンピュータ全体が停止してしまっては安心して試行錯誤することができない．そのようなことを未然に防ぐために，実行環境を独立にして一人の利用者の過ちが他の利用者へ及ばないようにすべきであることも自然な発想であろう．このような実行環境の独立性や公平性を実現するためには，すべての共有資源をオペレーティングシステムの管理下に置いておくことが必要不可欠であり，利用者のプログラムのハードウェアへのアクセスすべてに対しオペレーティングシステムが介在していることが有効な手段なのである．また，一口に公平と言っても，公平性を図る尺度は様々に考えられる．同一資源へのアクセスが競合した時，どのように調停を行うかなども様々な方法が考えられよう．オペレーティングシステムは，そのような一意に決められない要素が多数存在するため，設計哲学と呼ばれるほどに熟慮された思想に基づいて設計されている．

オペレーティングシステムによるハードウェアの抽象化の方法は，ハードウェアの性質に応じて大きく以下の 4 つに分けられる．

- プロセス管理 (スケジューリング)
- メモリ管理 (1 次記憶管理)
- ファイル管理 (2 次記憶管理)
- 入出力機器管理 (デバイスドライバ)

以下，これらを順に説明する．

4.3.1 プロセス管理 (スケジューリング)

オペレーティングシステムのプロセス管理は，プログラムの起動や終了など利用者からの要求に応じて，プロセスの生成や一時停止，消滅を行う．また，実行可能なプロセス群に対し，プロセッサの処理能力を公平に割り当てる役割も担っており，これはスケジューリング (scheduling) と呼ばれる．

ここでスケジューリングの公平性について考えてみよう．2 人の利用者 A, B が，各々1 つずつのプロセス $P_{\mathrm{A}}, P_{\mathrm{B}}$ を実行しているとする．ある時間 T のうち，プロセッサを P_{A} に割り当てる時間 T_{A} と，P_{B} に割り当てる時間 T_{B} とが等しい時，プロセッサは 2 つのプロセス $P_{\mathrm{A}}, P_{\mathrm{B}}$ に対し公平に割り当てられたと考えられる．

次に利用者 A が，2 つのプロセス $P_{\mathrm{A1}}, P_{\mathrm{A2}}$ を実行した場合を考えよう．プロセスは合計 3 つになるため，$T_{\mathrm{A1}} = T_{\mathrm{A2}} = T_{\mathrm{B}} = T/3$ にするのが公平だと考えることができる (図 4.14 左)．しかし一方で，利用者 A がプロセスを利用できた時間と利用者 B がプロセスを利用できた時間は倍も違うため，利用者 B は不公平だと感じるであろう．特に課金されている環境では，$T_{\mathrm{A1}} + T_{\mathrm{A2}} = T_{\mathrm{B}} = T/2$ となるように利用者ごとにプロセス割り当て時間を定め，その時間内に利用者ごとのプロセスを均等に割り当てることが公平だと考えることもできる (図 4.14 右)．

また，プロセス $P_{\mathrm{A}}, P_{\mathrm{B}}$ が存在する先の状況において，プロセス P_{A} がエディ

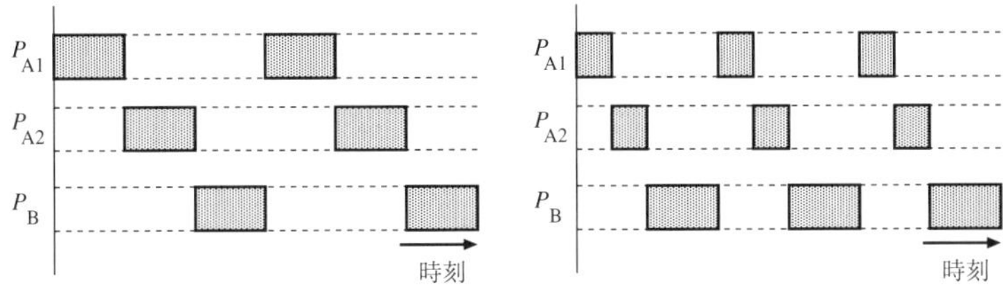

図 **4.14** プロセスに対する均等割り当て (左) とユーザに対する均等割り当て (右)

タやワードプロセッサのように人間がタイプした際に打ち込まれたデータを表示する程度の処理しか行わない場合を考えてみよう．P_A は，キーボードから文字が入力されたときだけ若干の処理を行い，入力がなければ何もしない．このように行うべき処理がない状態のことを待機状態と呼ぶ．先の公平性をもとにスケジューリングを行えば $T_A = T_B = T/2$ であるが，もしその間 1 文字もキーボード入力が行われなければ，T_A はすべて待機状態であり，プロセッサは何も処理していないことになる (図 4.15 左)．単位時間あたりのプロセッサの処理時間の割合はプロセッサ使用率と呼ばれるが，この例ではわずか 50% ということになる．このことから，プロセッサ時間を均等に割り当てるだけでは，プロセッサの利用率を低下させる可能性があるということが分かる．ただ割り当てられた時間を消費するのではなく，待機状態になる時は速やかにプロセッサを手放して，他のプロセスにプロセッサを譲り渡すことにより，プロセッサ使用率が向上し全体の処理効率が改善される場合が多い (図 4.15 右)．

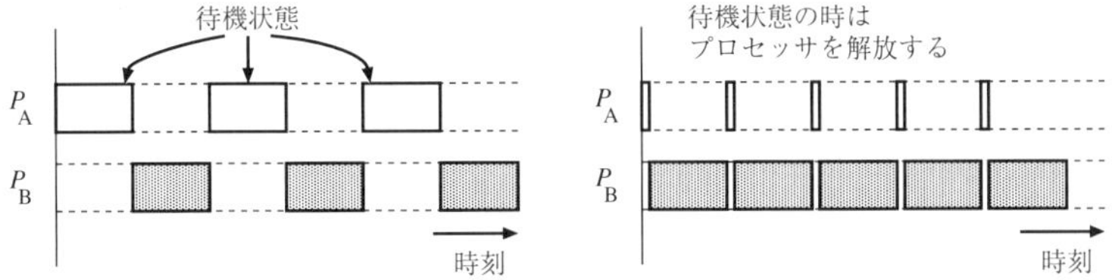

図 **4.15** プロセッサ解放によるプロセッサ使用率の向上

次に，プログラムを開始してから実行終了するまでの時間について考えてみよう．これはターンアラウンドタイム (turnaround time) と呼ばれる．いま，

P_A は 5 秒，P_B は 3 秒かかる処理だとして，それらがほぼ同時に，しかし P_A の方が若干早く実行開始されたとする．プロセスが終了するまでコンテキスト切り替えを行わない場合，2 秒ごとにコンテキスト切り替えを行う場合，1 秒ごとにコンテキスト切り替えを行う場合との 3 通りにおけるスケジューリングの様子を図 4.16 に示す．

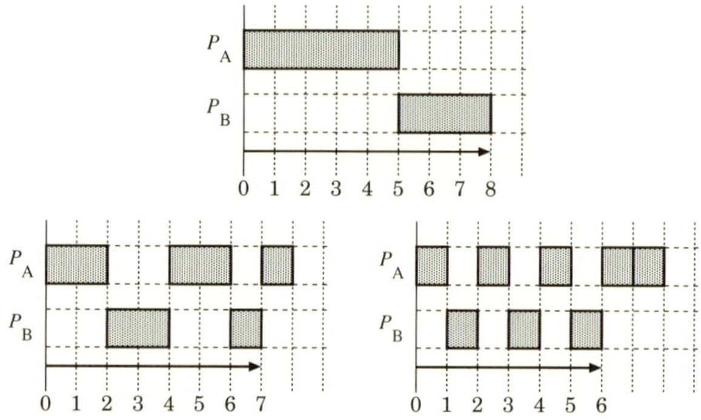

図 4.16　コンテキスト切り替え時期によるターンアラウンドタイムの違い

P_B のターンアラウンドタイムは，周期的にコンテキスト切り替えを行わない場合 (図 4.16 中上) では 8 秒，周期が 2 秒の場合 (同図左下) は 7 秒であるが，周期が 1 秒の場合 (同図右下) は 6 秒である．逆に，若干 P_B の方が早く実行開始された場合は，それぞれ 3 秒，5 秒，5 秒である．一般にコンテキスト切り替えの周期が短いほど，ターンアラウンドタイムがプロセスの投入時間に影響されにくくなるため，より公平である．しかし一方で，コンテキスト切り替え処理にもある程度の処理時間が消費されるため，コンテキスト切り替えの回数が増え過ぎると全体のプロセス処理効率が低下する．1 回のコンテキスト切り替えで消費される時間はプロセッサの処理性能に依存するため適切なコンテキスト切り替え周期を求めることは難しいが，現在主流の UNIX には 1 ミリ秒から 10 ミリ秒程度が採用されていることが多い．システム全体のプロセス処理効率指標には，ターンアラウンドタイムの他にスループット (throughput) があり，単位時間あたりのプロセス処理回数により与えられる．

以上に紹介したスケジューリングに関わるトレードオフは，オペレーティングシステムの分野で考慮されている問題のほんの一端に過ぎない．優先度などの指標を用いてプロセッサ割り当て時間を可変にする方式や，他のプロセスに自分のプロセッサ割り当ての残り時間を譲渡する方式など様々な手法が考案されている．興味のある読者は，オペレーティングシステムに関する専門書を参照されたい．

4.3.2 メモリ管理 (1 次記憶管理)

1 次記憶装置は，通常は 1 つのコンピュータに 1 つ存在するメモリ空間であり，その空間の広さは有限である．複数のプロセスがメモリを安全に利用するためには，利用しているメモリ領域が互いに重なり合うことがあってはならない．メモリ領域が重なると，あるプロセスのデータを別のプロセスが上書きすることにより，データが破壊されてしまうからである．そこでメモリ管理が，プロセスの生成や消滅に応じてメモリ領域を割り当てたり，割り当てていたメモリ領域を回収する役割を担い，互いの領域が重複しないように管理している．

1.4.9 項で述べたように，仮想記憶装置を用いることにより，プロセスごとに独立した仮想記憶空間を持つことができる．あるプロセスが利用している物理ページが他のプロセスの仮想記憶空間に割り当てられていなければ，他のプロセスによりデータが破壊されたり覗かれることを不可能にすることができる．このようにして，メモリをページごとに管理し，プロセスごとに仮想記憶空間を作成してページを割り当てたり，プロセスの消滅とともに当該仮想記憶空間を消去してページを回収するのもメモリ管理の役割である．

一度割り当てたメモリ領域をプロセスから回収するのは難しい．なぜならば，そのプロセスが当該領域を使用していないかどうか検査したり，使用していた場合には代替領域へデータを移すなどの作業が必要になるからである．一方，実行中のプロセスに新たなメモリ領域を割り当てるのは容易である．そこで，プロセスが実行される段階では必要最低限のメモリ領域だけを割り当てておき，必要に応じて領域を拡張する方式が一般に採用されている．必要最低限のメモリ領域とは，先に 4.1.1 項で述べた 4 つのメモリセクションである．一般に，テキストセクションとデータセクションの大きさはプロセス実行中に変化しない．一方，Bss セクションは `malloc` など動的なメモリ確保により下方に拡大していく可能性があり，またスタックセクションは多くの局所変数を宣言したり深い再帰呼び出しを行うとスタックフレームが沢山積まれるため上方に拡大していく可能性がある．

仮想記憶装置を用いる場合，広大な仮想記憶空間の中で実在の物理記憶空間へ対応付けられているのはテキストセグメントなどを割り当てた一部のページだけであり，残りの空間は物理記憶空間へは対応付けされていない (図 4.17). 対応付けされていないアドレスに対してアクセスを行うと (図 4.17 中 (1))，メモリ管理に対してページフォルト (page fault) などと呼ばれる割り込みを発生する (図 4.17 中 (2))．そこでメモリ管理は，誤ったアクセスを行ったプロセスを強制終了 (図 4.17 中 (3)) させることができ，システム全体を安全に保つとともに誤りの原因を知らせることが可能になる．

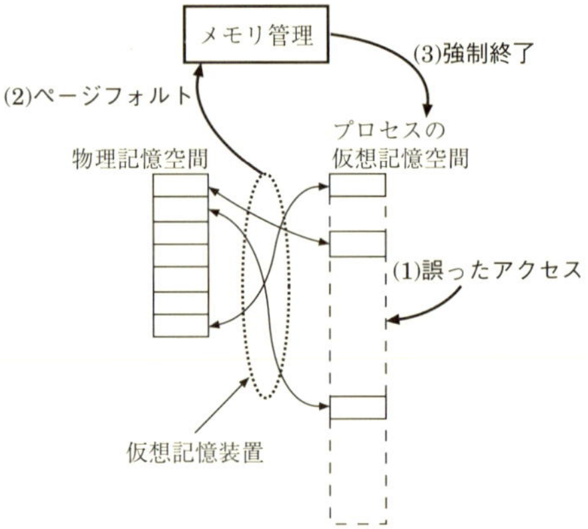

図 4.17　メモリ管理による誤ったアクセスへの対応

このページフォルトの仕組みを積極的に利用することにより，要求ページング (demand paging) が実現される (図 4.18).

要求ページングとは，それほど利用されていないページを 2 次記憶空間などへ追い出してしまうことにより，実在する物理記憶空間よりも広い記憶空間をプロセスが利用できるようにする機構である．2 次記憶空間へ追い出すことをページアウト (page out) といい，逆に物理記憶空間へ呼び戻すことをページイ

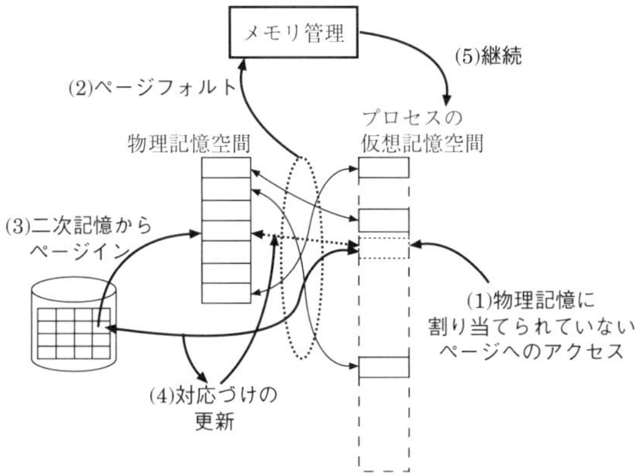

図 4.18 ページング機構

ン (page in) という．プロセスがページアウトされたページにアクセスした際 (図 4.18 中 (1)) にはページフォルトが発生するが (図 4.18 中 (2))，メモリ管理が 2 次記憶空間から物理記憶空間へページインを実行 (図 4.18 中 (3)) してページの対応付けを更新 (図中 4) した後にプロセスを継続 (図 4.18 中 (5)) することにより，プロセスには以前からそのページが物理記憶空間に存在していたかのように思わせることができる．ページアウトやページインは，物理記憶装置と比べて，はるかにアクセス速度が遅い 2 次記憶装置を操作するため，多くの処理時間が必要とされる．そのため，ページフォルトの発生回数が少なくなるように，どのページを物理記憶空間に留めておき，どのページを 2 次記憶空間へ追い出すかを決定することが要求される．これらを決定するのがページ置き換え (page replacement) アルゴリズムである．最も長い間使用されないページをページアウトするのが最適であが，将来の振る舞いは予知できない．そこで長い間使用されなかったページは今後も使用されないだろうという予測に基づく LRU (least recently used) アルゴリズムが好まれる．しかし，各ページがどれほどの期間使用されなかったかを知るためにはカウンタ回路が必要になり，実装するのは困難である．そこで LRU の近似アルゴリズムが広く用いられている．興味のある読者は，オペレーティングシステムに関する専門書を参照されたい．

4.3.3　ファイルシステム (2 次記憶管理)

2 次記憶装置は，1 次記憶装置に比べてアクセス速度が極めて遅い*18)．しかし，記憶容量が大きく*19)，プロセスが終了したりコンピュータの電源を切っても記憶したデータが消去されないという利点があるため，データの保管場所として広く使われている．

a. ハードディスクの構造

ハードディスクの構造を図 4.19 に示す．ハードディスクは，円盤状の記憶媒体を回転させ，読み書きするためのヘッドを円盤の表面近傍に配置することによりデータを円盤上の円周方向に記録する装置である．円盤のことをプラッタ (platter)，円盤の片面のことをサーフェス (surface) といい，1 サーフェス上の同一半径の記憶領域 1 周をトラック (track) という．トラックは，セクタ (sector) と呼ばれる固定長のブロック*20)に分けられて使用される．通常，ディスクの回転数は一定であるため，1 トラックあたりのセクタ数を一定にした方が読み書き速度が一定になり，制御回路が簡単に構成できる．しかし，この場合のデータの密度を考えると，1 トラックの長さは外周側の方が長いため，外周ほど密度が低いことになる．そこで全体のデータ密度を向上させ，総記憶容量を増やすために，最近では外周ほど 1 トラックあたりのセクタ数を増やしている．

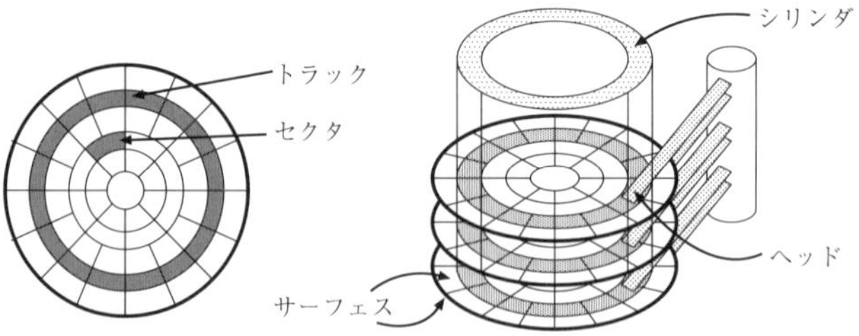

図 4.19　ハードディスクの構造

ハードディスクは通常，複数枚の円盤により構成されている．ヘッドを半径

---

*18) パーソナルコンピュータ用のハードディスクのアクセス速度が数 ms に対してメモリは数 ns.

*19) 同用のハードディスクの容量が数十 GB に対してメモリは数百 MB.

*20) 通常ブロックの大きさは 512 byte.

方向に動かすことをシーク (seek) というが，一般にシークにかかる時間 (seek time) は円盤の回転よりも遅い[*21)]ため，シークしないトラックの集合をまとめて扱う方がよいという考えから，シリンダ (cylinder) という単位が作られ，シリンダ番号，サーフェス番号，トラック内でのセクタ番号の 3 つの値でセクタを一意に指定するのが一般的である．

b. ファイルシステムの役割

シリンダ番号，サーフェス番号，セクタ番号という 3 つの番号を指定することにより固定長のデータを保管できるだけでは，はなはだ使いづらい．一般的な利用者は，様々な長さのデータの集まりをひとまとまりとして保管したいし，3 つの番号を指定するよりも名前で管理したいものである．そこで，可変長のデータの集まりを 1 つのファイルとしてハードディスク内に格納し，名前で読み書きできるように仲介するのがファイルシステムの役割ということになる．また，個人の秘密のファイルが他人に読み書きされないように保護するため，読み書きを禁止したり，読み出しは許可するが書き込みは禁止するなどのファイル属性 (file attribute) 管理もファイルシステムの重要な役割の 1 つである．

多数のファイルを 1 カ所に配置すると，目的のファイルを探すのが大変であるし，重複しないようなファイル名を命名するのも大変である．そこで，多くのファイルシステムでは木構造が採用されている．これは，複数のファイルを格納できる概念的な箱を用意し，それを再帰的に箱の中へ格納できるようにすることにより，多数のファイルを分類しながら格納できるようにしようというものである．この抽象的な箱は，ディレクトリ (directory) と呼ばれる[*22)]．

図 4.20 を参照されたい．実際の木とは反対の向きで，根を上に，枝葉を下に表記するのが一般的である．そのため木構造の最上位のディレクトリはトップ (top) ディレクトリまたはルート (root) ディレクトリと呼ばれる．図中に `sample.c` という名のファイルが 2 つ存在していることから分かるように，木構造を採用すれば異なるディレクトリ中ならばファイルやディレクトリに同じ名前が使えることに注意されたい．また，すべてのファイルは，ルートからた

---

*21) 数 ms ほど．

*22) 古くは UNIX に由来しており，UNIX を模擬して作られた Microsoft 社の MS-DOS もディレクトリと呼んでいたが，Macintosh がマウス操作で取り扱える抽象的な書庫のことをフォルダ (folder) と呼んだためか，Microsoft 社は Windows シリーズではフォルダと呼び替えている．

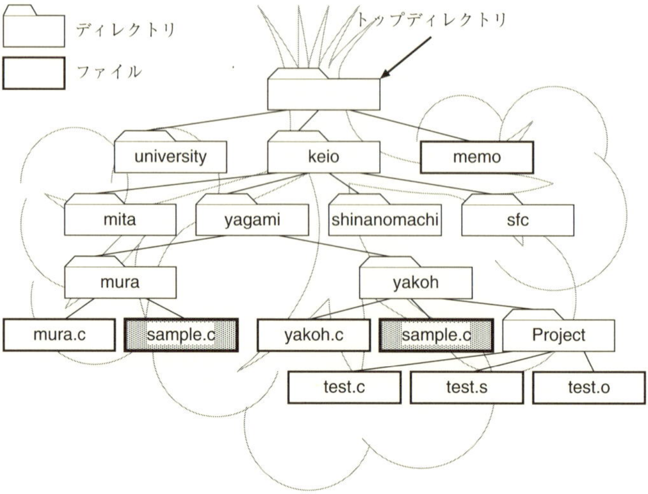

図 4.20 木構造に基づくディレクトリ構造

どる経路のディレクトリ名の列とファイル名とで一意に特定できることが分かるだろう．そこで，ルートからのディレクトリ名を区切り記号を挟んで列記し，最後にファイル名を指定することにより，すべてのファイルを一意に指定する表記法が用いられる．これを絶対パス (absolute path) という．例えば，区切り記号にスラッシュ / [*23)]を用いる場合，以下のようになる．

```
/keio/yagami/yakoh/sample.c
/keio/yagami/mura/mura.c
/memo
```

絶対パスはすべてのファイルを一意に指定する方法として有益であるが，木構造の拡大に伴ってパスが長くなってしまうために使いづらいという欠点もある．そこで，着目している 1 つのディレクトリ (カレントディレクトリ，current directory) から相対的に指定するという方法が考案された．これを相対パス (relative path) という．カレントディレクトリから下へはディレクトリ名を指定すればよく，1 つ上方のディレクトリを指定するためには特別なディレクトリ名 `..` を指定する．例えば，カレントディレクトリが `/keio/yagami` であるとき，先の例と同じファイルを相対ディレクトリで指定すると以下のようになる．

*23) ¥が用いられる場合もある．

```
yakoh/sample.c
mura/mura.c
../../memo
```

所在がカレントディレクトリに近い場合には，絶対パスに比較して短いパス名で表現できることが分かる．

4.3.4 入出力機器管理 (デバイスドライバ)

入出力機器には，プリンタ，スキャナ，カメラ，通信装置など様々な機器が分類される．それらの資源は，それが接続されているコンピュータ上で実行される多くのプロセスの共有資源として誰もが利用できることが望ましい．ここで，例えば2つのプロセス $P_{\mathrm{a}}, P_{\mathrm{b}}$ が同時にプリンタへ出力することを考える．P_{a} が紙面の途中まで印字した時点でスケジューリングが切り替わり，P_{b} が印字を開始したら，プリンタの出力結果は2つのプロセス $P_{\mathrm{a}}, P_{\mathrm{b}}$ のどちらの意図にもそぐわない無駄な出力を得ることになるだろう．このような混乱を防ぎ，あるプロセスが使用中は他のプロセスが使用しないことを保証するのがデバイスドライバの重要な役割である．もちろん，ファイルシステムなどと同様に，多くのデバイスドライバは様々な入出力機器の制御方法の相違を吸収するなどして適切に抽象化している．例えば2つの種類のネットワーク接続装置が取り付けられているとき，各々のデバイスドライバを経由して通信を行うことにより，どちらも同一の手続きで利用できるのである．

新たに作成したハードウェアをコンピュータへ接続した場合には，デバイスドライバを作成する必要がある．Microsoft 社の MS-DOS などのように資源管理がほとんど行われていないオペレーティングシステムを利用する場合には，プログラムにデバイスドライバを組み込んで直接アクセスすることが可能である．しかし，資源管理をしっかり行っているオペレーティングシステムを利用する場合には，相応のデバイスドライバをオペレーティングシステム内に組み込む必要がある．なぜならば，オペレーティングシステムによってすべての資源は保護されているため，デバイスドライバなしでは一般のプログラムからハードウェアへアクセスすることができないからである．

1.4.7 項で述べたように，入出力装置へのアクセス方法には2通りあった．メモリと同様にアクセスするハードウェアの場合 (memory mapped I/O) には，その物理メモリ領域をユーザプロセスの仮想メモリ領域にマッピングするだけで利用できるようになるため，マッピング処理を行うデバイスドライバを作成すればよい．一方，I/O 専用の手順でアクセスするハードウェアの場合には，I/O 専用の手順を行う機械語命令が特権命令であるため，一般のプログラム内ではアクセスすることは不可能であり，読み出しや書き込みの処理もデバイスドライバを経由する必要がある．

4.4 並行プロセスと排他制御

これまで複数のプロセスが同時に同じことをしようとした際の問題をいくつか例示してきた．これらはすべて並行 (concurrent) プロセスの排他制御 (exclusive access control) といわれる問題である．ここでは，並行プロセスと排他制御について学んでおこう．

4.4.1 並行と並列

並行プロセスとは，プロセスの起動から終了までの期間が重複しているプロセスの集合である．一方，並列 (parallel) プロセスは，ある時刻において同時に実行中であるプロセスの集合である．両者は日本語では似た語句であるが，厳密に区別されて使用されるため混用しないように注意されたい[*24)]．明らかに並列プロセスは並行プロセスでもあるが，並行プロセスは並列プロセスであるとは限らない．図 4.21 はすべて並行プロセスであるが，並列プロセスの組は $\{P_1, P_3\}$，$\{P_3, P_4\}$ だけであり，P_2 は他のどれとも並列プロセスではない．複数のプロセッサが存在しない限り，並列プロセスはあり得ないと覚えておけばよいだろう．

*24) 本来，並行プロセスは計算理論の分野の用語であり，物理的な一瞬の時刻に関しての同時性にはとらわれない語句である．一方，並列プロセスは計算工学の分野の用語であり，物理的に同時に処理されているプロセスを指すものである．

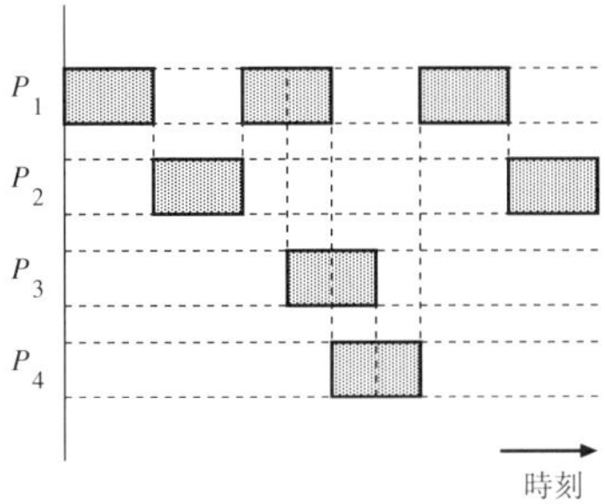

図 **4.21** 並行プロセス

4.4.2 排他制御問題

並行プロセスの排他制御問題の例として，現金自動預払機 (ATM: automatic teller machine) の処理を考えよう．P_1 は，口座 a へ 100 万円の給与を振り込むプロセスであり，口座番号と金額の入力，残高取得，加減算，残高更新，処理結果の出力の 5 つの手続きで進むものとする．P_2 は，同じ口座 a から 5 万円を引き出すプロセスであり，手続きは同じである．初期の残高を 50 万円だとした 3 つの処理例を図 4.22 に示す．同図左のように P_1 と P_2 とが並行に実行されなければ正しい残高が得られるが，同図右のように並行に実行されると誤った残高になってしまう．これが排他制御問題である．

この問題を解決するには，すべてのプロセスの並行実行を許さないという方法が一番簡単である．しかしそれでは誰かが ATM を利用しているだけで入力作業すらできなくなってしまい，はなはだ効率が悪い．他のプロセスが処理中でも入力作業までなら並行に実行しても問題は生じない．また，異なる口座に対する処理であれば並行実行してもよい．同じ口座に対する処理でも，残高更新を伴わない残高照会処理であれば，他の処理と並行実行しても問題は起きない．このようにして問題の本質を探ると，この問題の根元は，あるデータを読み出してから書き込むまでの間に並行プロセスがそのデータに書き込みを行ってしまうことにあり，読み出しから書き込みまでの間だけ並行実行を許さないのが最善の解だと分かる．この例のように，並行実行を許すことにより実行結果が一意とならない処理領域のことを一般に危険領域 (critical section または

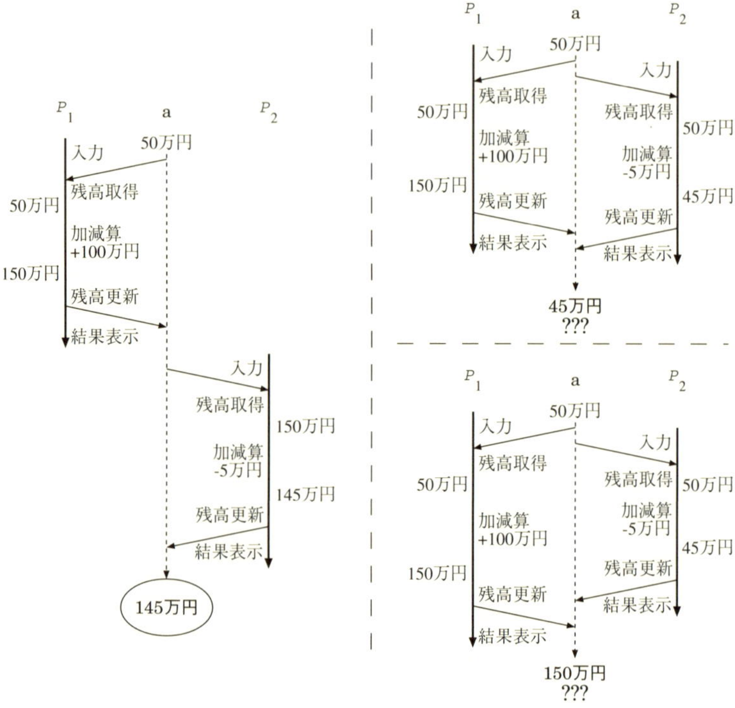

図 4.22　口座処理の正しい例 (左) と間違えた例 (右上，右下)

critical region)*25) と呼び，誰かが危険領域に入っているときには，他が入れないようにするという排他制御が必要とされる．

4.4.3　排他制御の実現

公平に排他制御を行うには，以下の要求を満足する必要がある．

① 相互排除

あるプロセスが危険領域に入っているとき，それ以外のプロセスは危険領域に進入できないことを保証すること．

② 前進

誰も危険領域に入っておらず，いくつかのプロセスが進入を希望して

*25) 「保護領域」や「臨界領域」「きわどい領域」という訳語もある．

いるとき，それら希望しているプロセスの中から進入を許可するプロセスが有限時間内に選択されること．

③ 有限待機

あるプロセスが危険領域に入る希望を出してから許可されるまでの間に，他のプロセスが危険領域に入ることを許される回数が有限であること．

ここで，危険領域を通過するプロセスは，以下のような構造を持つと仮定しておく．すなわち，危険領域に進入する前には必ず入口領域なる手続きを実行しなければならず，危険領域から出たら速やかに出口領域なる手続きを実行しなければならない，という制約を設ける．すると，排他制御は入口領域と出口領域の手続きのプログラミング問題に置き換えられる (図 4.23).

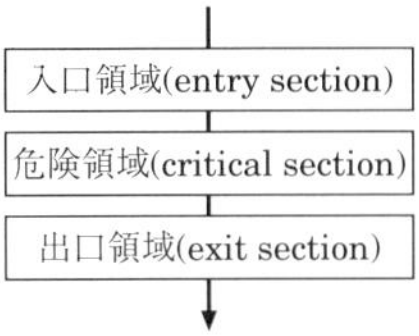

図 4.23 危険領域を通過するための作法

なお本項以下の C 表現は，あらかじめ次の宣言がなされているものとして読解されたい．

```
#define TRUE    (1==1)
#define FALSE   (1==0)
typedef enum { True=TRUE, False=FALSE } Boolean;
```

a. ソフトウェアによる解

並列プロセスの個数を 2 つ (P_i, P_j) に限定し $(i, j \in \{0, 1\},\ i \neq j)$，配列 flag[2] が共有メモリ，すなわち 2 つのプロセスから共通してアクセスできる領域，に置かれるとしよう．P_i 用の以下のプログラムは一見正しく排他制御を実現できるように見える (図 4.24).

しかし実際は，例えば P_i, P_j の両者が足並みを揃えて `while` 文を実行すると，ともに条件が `FALSE` であるから次の行へ進んでしまい，相互排除の要求が満たされない．実は，ハードウェアの特別な支援なしにソフトウェアだけで排

```
Boolean flag[2]={False, False}; /* 共有配列変数 */
┌──────────────────────────┐
while(flag[j]);
flag[i] = True;
└──────────────────────────┘
危険領域
┌──────────────────────────┐
flag[i] = False;
└──────────────────────────┘
```

図 4.24 誤った排他制御プログラム

他制御を実現することは容易ではない．並列プロセスの個数を 2 つ (P_i, P_j) に限定した排他制御手法の解は，図 4.25 のようになる[12)]．

```
Boolean flag[2]={False, False}; /* 共有変数 */
int turn; /* 共有変数 */
┌──────────────────────────┐
flag[i] = True;
turn = j;
while((flag[j]) && (turn == j));
└──────────────────────────┘
危険領域
┌──────────────────────────┐
flag[i] = False;
└──────────────────────────┘
```

図 4.25 2 つのプロセスに対する正しい排他制御プログラム

また，n 個のプロセスに対する排他制御の解は，図 4.26 のように複雑になる[13)]．

b. ハードウェアによる解

ソフトウェアで排他制御を実現するのは容易ではなかった．これは，プログラムの任意の位置でコンテキスト切り替えが発生する可能性があるからである．ここで，プロセッサのコンテキスト切り替えは 1 命令サイクルが単位であるから，危険領域に他のプロセスが入っているかどうかを検査することと，自分が危険領域に入りたいと名乗りをあげることとをコンテキスト切り替えなしに連続実行できれば，もっと容易に排他制御が実現できる．この 1 つの方法は，コンテキスト切り替えが発生しないように割り込みを禁止する方法であり，オペレーティングシステム内ではこの方法がとられる．もう 1 つの方法は，複数の作業をコンテキスト切り替えを禁止して実行する効果を持つ特殊な命令を用いることである．このような不可分な命令列は，不可分命令 (atomic operation) と呼ばれる．後に特定のプロセッサ固有の不可分命令を紹介するが，まずは抽

```
#define N 100 /* 任意に設定せよ */
enum {Idle, Want_in, In_cs} flag[N];  /* 共有変数 */
int turn; /* 共有変数 */
int j; /* プロセス固有の変数 */
```

```
do{
    flag[i] = Want_in;
    j = turn;
    while(j != i){
        if(flag[i] != Idle){
            j = turn;
        }else{
            j = ( j + 1 ) % N;
        }
    }
    flag[i] = In_cs;
    j = 0;
    while((j < N) && ((j == i) || (flag[j] != In_cs))){
        j ++;
    }
}while((j < n) || ((turn != i) && flag[turn] != Idle));
turn = i;
```

危険領域

```
j = ( turn + 1 ) % N;
while(flag[j] == Idle){
    j = ( j + 1 ) % N;
}
turn = j;
flag[i] = Idle;
```

図 **4.26** N 個のプロセスに対する正しい排他制御プログラム

象化されたテストアンドセット (test & set) 命令を用いてみよう．

テストアンドセット命令とは，図 4.27 に示したものと同等の処理を行う不可分命令である．

```
Boolean Test_And_Set(Boolean *t)
{
    int tas = *t;
    *t = True;
    return tas;
}
```

図 **4.27** C 表現によるテストアンドセット命令

このような多機能な不可分命令を用いると，図 4.28 の手法で簡単に排他制御が実現できる．この手法は頻繁に使用される典型的なものであるが，有限待機の要求は満足しないことに注意されたい．有限待機の要求をも満足する正しい排他制御プログラムは図 4.29 のようになる[14]．

```
Boolean lock = False; /* 共有変数 */
```
```
while(Test_And_Set(&lock));
```
危険領域
```
lock = False;
```

図 4.28 テストアンドセット命令を用いた排他制御プログラム

```
Boolean waiting[N]={False, ..., False}, lock; /* 共有変数 */
```
```
Boolean key;
waiting[i] = True;
key = True;
while(waiting[i] && key){
    key = Test_And_Set(&lock);
}
waiting[i] = False;
```
危険領域
```
j = ( i + 1 ) % N;
while((j != i) && (! waiting[j])){
    j = ( j + 1 ) % N;
}
if( j == i ){
    lock = False;
}else{
    waiting[j] = False;
}
```

図 4.29 テストアンドセット命令を用いた正しい排他制御プログラム

もう 1 つ，スワップ (swap) 命令という不可分命令を紹介しておこう．スワップ命令は，図 4.30 に示したものと同等の処理を行う不可分命令である．

スワップ命令を用いると，テストアンドセット命令を用いたプログラム (図 4.28) の入口領域は図 4.31 のように書き換えられる．出口領域は同じである．

テストアンドセット命令もスワップ命令も仮想的な命令であった．本節の最

```
void Swap(Boolean *a, Boolean *b)
{
    Boolean temp = *a;
    *a = *b;
    *b = temp;
}
```

図 4.30 C 表現によるスワップ命令

```
Boolean lock = False; /* 共有変数 */
```

```
Boolean key = True;
do {
    Swap(&lock, &key);
}while(key);
```

図 4.31 スワップ命令を用いた排他制御の入口プログラム

```
ENTRY(s_lock)
    movl    4(%esp), %eax
    movl    $1, %ecx
setlock:
    xchgl   %ecx, (%eax)
    testl   %ecx, %ecx
    jz gotit
wait:
    cmpl    $0, (%eax)
    jne wait
    jmp setlock
gotit:
    ret
```

図 4.32 FreeBSD 中の入口プログラム

後に現実の命令を紹介しておこう．図 4.32 は，FreeBSD のカーネル内で使用されている排他制御関数であり，Intel 80386 以上向けのアセンブリ言語で記述されている．`xchgl` 命令はスワップ命令と同じ役割を持つ不可分命令である．最初の 2 命令はスタックフレームの初期設定であり，これにより (`%eax`) が先の変数 `lock` に，`%ecx` が変数 `key` にそれぞれ対応付けられる．それらを交換 (`xchgl`) した後に評価して (`testl`) 結果が 0 であれば (`jz`) ループから抜け出す．なお，`xchgl` 命令はバスへの負荷が重いため，変数 `lock` が 0 で危険領域へ入れる可能性があるときだけ `xchgl` 命令を試みて，そうでない時にはバスへの負荷が軽い cmpl 命令によって変数 lock が 0 になるまで待機するループを構成しているところが技巧的である.

4.4.4　セマフォ

現実の資源管理問題においては，2 以上の有限個のプロセスが危険領域に入ることを許したい場合も存在する．そこでセマフォ (semaphore)[*26] が提案され[15]，現在，広く利用されている．セマフォとは，ある危険領域に対して進入を許可するプロセス数を示す変数である．セマフォ変数の初期値は危険領域に進入を許可する最大プロセス数である．入口領域において P 命令を，出口領域において V 命令[*27] を実行することにより，危険領域に進入するプロセス数が上限値を越えないことを保証できる．当然のことながら，P 命令も V 命令も不可分命令でなければならず，これら以外の箇所でセマフォ変数の値を変更してはならない (図 4.33).

P 命令

```
while(S <= 0);
S --;
```

V 命令

```
S ++;
```

図 4.33　セマフォの P 命令と V 命令

4.4.5　ブロッキングによる実践的な排他制御

これまでに示した排他制御手法は，進入が許可されるまでの間ずっと変数を読み出して比較するという単純作業を繰り返し行っている．これを繁忙待機 (busy-waiting) という．繁忙待機は，プロセッサの利用効率の点から望ましいとはいえない．なぜなら，オペレーティングシステムは繁忙待機中のプロセスにもプロセッサの処理能力を公平に割り当ててしまうが，繁忙待機は何も生み出さない処理であるため，プロセッサの処理能力を結果的に浪費していることになるのである (図 4.34 上)．そこで実際のシステムでは，危険領域に入れなかったときには自己プロセス自身をスケジューリングされない待ち状態に設定

---

*26)　鉄道の単線領域に両側から列車が進入しないようにするための腕木信号機 (semaphore) に由来する.

*27)　オランダ語の passeren(通過する) と verhogen(増す) に由来している.

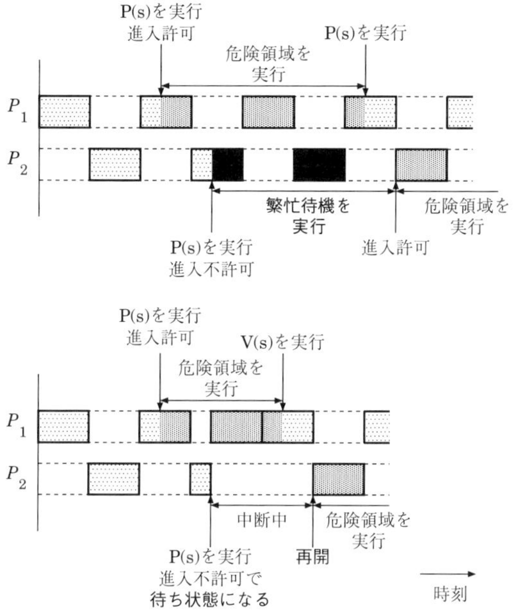

図 **4.34** 危険領域を共用する 2 プロセスのスケジューリング

することにより，繁忙待機が発生するのを防いでいる．危険領域を実行していたプロセスが危険領域から出るときに，危険領域に入れずに待ち状態になっている他のプロセスを再開すれば，プロセッサの処理能力を浪費することのない排他制御が実現できる (図 4.34 下).

ただし，このようにすると P-V 命令の処理が長くなるという欠点もある．危険領域が短い場合には，かえって繁忙待機の方が効率的な場合もあるので，用途に応じて使い分けることが重要である．

4.5 計算の数理

第 1 章ではノイマン型コンピュータが手続き的に計算する様子をハードウェアの仕組みから見てきた．また，第 2 章では，数値計算が 2 進数演算に基づいて行われることを見てきた．ここでは，それらの特性が実際のプログラミングにどのような性質を示すかを見ていこう.

4.5.1 有限語長と計算精度

ここでは，数値計算が有限語長の2進数演算に基づいて行われることによるプログラムへの影響について考えていく.

まずは図4.35のプログラムの実行結果を予想されたい.

```
int main(void){
    float i;
    for(i=0; i!=1; i+=0.1){
        printf(" %4.1f", i);
    }
    return 0;
}
```

図4.35 例題プログラム1

実行結果は期待に反して `i=1.0` では終わらず，ほぼ永久に終了しないプログラムである．これは，第2章で述べたようにコンピュータ内でのデータ表現が有限語長の2進数で表現されていることに起因する．有限語長の2進数では $(0.1)_{10}$ を正確に表現できず，そのため10倍した値も $(1)_{10}$ に等しくならないのである．もちろん，`float` を `double` にしたところで $(0.1)_{10}$ を正確に表現することはできないから，相変わらず永久に終了しない.

次に，誤差があっても終了するように終了条件に不等号を入れた `i<=1` に変更しよう．この時，0.0から0.9まで10回の出力が得られるか，1.0を含めた11回の出力が得られるかは，$(0.1)_{10}$ の `float` 表現の誤差の符合に依存してしまう．どちらに誤差が生じるかを意識してプログラミングするのは現実的ではない.

では，等号の意味も含めて常に意図した通りの処理を行わせるにはどのようなプログラムを記述すればよいのだろうか．図4.35に示したプログラムの場合は，整数型変数を用いてループを構成し，表示する実数はその整数型変数から導出される2次的データとすればよい (図4.36).

もう一例，先の例題で示したニュートン法 (図3.9) を例に，計算誤差の影響

```
int main(void){
    int i;
    float f;
    for(i=0; i!=10; i+=1){
        f=(float)i/10;
        printf(" %4.1f", f);
    }
    return 0;
}
```

図 4.36 例題プログラム 1 の改良版

を考えてみよう．図 4.37 は，$f(x) = \sin(x) = 0$ の解を求めるプログラムの悪い例である．ニュートン法は，解が複数ある問題に対しても 1 解しか求められないことは解法から明らかであり，その選択は x_0 に依存することから，x_0 を入力できるようにしている．これを実行すると，結果は使用したコンピュー

```
#include <stdio.h>
#include <math.h>
int main(void)
{
    double x, xb, f, fd;
    printf("start from: ");
    scanf("%lf", &x);
    do{
        f = sin(dx);
        fd = cos(x);
        xb = x;
        x = x - f / fd;
    }while(f != 0);
    printf("The answer is %lf\n", x);
    return 0;
}
```

図 4.37 ニュートン法の悪い例

タの精度[*28)]にも依存するが，解が 0 の場合など限られた場合しか解が見つからず，多くの場合は無限ループに陥る．計算誤差のために，$f = 0$ に収束しないのである．このような収束判断に関しては，必要とする有効数字未満の誤差

*28) プロセッサや算術ライブラリにより sin 関数の精度も異なる．

を無視する収束判断が用いられる．例えば勾配点の 1 回の移動量に着目すれば式 $|x - xb| < |x \times 10^{-8}|$ の真偽で判断すればよいし，$f(x)$ の値に着目して $|f(x)| < 10^{-8}$ などと試みる場合もあろう．

ここで，先の例を while 文の条件に書き換えると

```
while(fabs(x - xb) >= fabs( x * 1e-8 ));
```

と表現され，もし解が $x = 0$ であった場合には正解に収束していても両辺が 0 となり条件が真であるから，ループは終了しない．必要とする有効数字「未満」ではなく「以下」の誤差を無視することにして，

```
while(fabs(x - xb) > fabs( x * 1e-8 ));
```

と書かなければ終了判断ができないのである．誤差を許容するにも様々なことを考慮に入れる必要があることが分かる．

これらの問題は，計算手順や計算理論というものが計算に誤差がないという仮定のもとで構成されているにも関わらず，コンピュータの計算では桁落ち誤差や丸め誤差などが発生することが宿命であることに起因する．このような問題に対する一般的な解は存在せず，経験豊富なプログラマは，このような複雑さを避ける数々のノウハウを用いて対処している．しかしノウハウを積まなければ意図した通りの処理を行うプログラムを構築できないのでは工学的ではない．そこで近年では誤差があっても意図した通りの結果が得られる新しい計算体系が研究されている[10]．

4.5.2　アルゴリズムと計算量

本章の最後に，計算の複雑さについて学ぼう．あるアルゴリズム (計算手順) を用いて問題を解くのにどのくらいのコストがかかるかという指標に，計算量または計算複雑度 (computer complexity) がある．ここで，コストとは，基本計算の回数と必要とする記憶容量とを個別に考えるのが普通であり，計算量は問題の規模を表す量の関数として表現される．前者は時間計算量 (time complexity) といい，後者は空間計算量 (space complexity) という．単に計算量という場合は，時間計算量を指すことが多い．例えば，n 個のデータに関する問題が $cf(n)$ (c は正定数) のコストで計算できる時，計算量は $O(f(n))$ と表記され，オー

ダー $f(n)$ と読む．

簡単な例として，等差数列の和を求める計算方法を考えよう．整数 1 から n までの和を求めるプログラムを以下のように書いたとする．

```
for(i=1, sum=0; i<=n; i++){
    sum += i;
}
```

このとき，加算が $2n$ 回，比較が $(n+1)$ 回だけ行われるだろう．加算と比較とのコストが等しいと考えて $O(3n+1)$ と書いてもよいが，n が十分大きい時に，より支配的となる項だけを活かして $O(n)$ と表現するのが一般的である[*29)]．

アルゴリズムによって，計算量は $O(n)$, $O(n\log n)$, $O(n^2)$, $O(n^3)$, $O(2^n)$ など様々なものが得られる．図 4.38 に示すように，$O(n^2)$ 以上のアルゴリズムは，実際にはほとんど役に立たないのである．また,「データ量が 10 倍になったが，10 倍高速なコンピュータを導入したので同じ時間で処理できる」などという考え方は間違いである．たとえ比較的高速な $O(n\log n)$ のアルゴリズムで

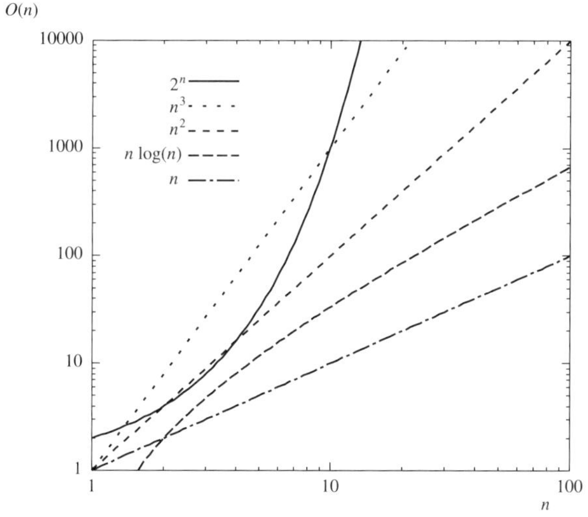

図 4.38 問題の大きさに対する計算回数

*29) この問題の場合，公式 $(n(1+n))/2$ を用いれば n の値に依存しない $O(1)$ であることは明らかである．

あっても，処理内容は 20 倍になってしまうから 2 倍の時間を要するのである．空間計算量も $O(n \log n)$ だったとすれば，主記憶も 20 倍必要となり，ページフォルトの発生回数が増えて，さらに多くの処理時間を必要とする．

計算時間という現実的な問題のために，これまでに計算量を減らす計算方法が数多く開発されている．ここではデータを順番に並べ直すソーティング (sorting) に関して 2 例ほど取り上げて，アルゴリズムの重要性を示す．ソーティングとは，N 個のデータ $\{d_n|1 \leq n <= N\}$ が与えられたときに，$\{d_i \leq d_j|1 \leq i,j \leq n, i < j\}$ となるようにデータを並び替える問題である．

4.5.3　単純挿入法

単純挿入法 (straight insertion) は，すでにソートされている部分データに対して，次のデータを適切な場所へ挿入するということを繰り返す方法である (図 4.39).

```
double d[N+1];
void sort(void){
    double x;
    int i, j;

    for(i = 2; i <= N; i++){
        d[0] = x = d[i];
        for(j = i; x < d[j - 1]; j--){
            d[j] = d[j - 1];
        }
        d[j] = x;
    }
}
```

図 4.39　単純挿入法

ここで，`d[0]` は処理内容を変えずにデータの最後を見つけるための技法であり，見張り (sentinel) と呼ばれる．このアルゴリズムの計算量を算出してみよう．一般的に `double` 型データの演算の方が `int` 型データの演算よりもコストが大きいので，ここでは `double` 型データの演算だけを基本演算とする．このアルゴリズムは，元のデータが逆順に並んでいるときに，比較の回数も代入の

回数も最大となる．そのときの比較回数 $C_{\max}$ は，i 番目には i 回の比較が行われるため

$$C_{\max} = \sum_{i=2}^{N} i = \frac{(n-1)(n+2)}{2} \tag{4.1}$$

である．また代入回数 $M_{\max}$ は

$$M_{\max} = \sum_{i=2}^{N} (i+2) = \frac{(n-1)(n+6)}{2} \tag{4.2}$$

である．一方，元のデータがすでにソートされている場合は

$$C_{\min} = n-1, \quad M_{\min} = 3 \times (n-1) \tag{4.3}$$

となる．両者の平均をとって

$$C_{\mathrm{ave}} = \frac{n^2+3n-4}{4}, \quad M_{\mathrm{ave}} = \frac{n^2+11n-12}{4} \tag{4.4}$$

を得る．ゆえに，時間計算量 $O_{\mathrm{time}}(n^2)$ が得られる．次に空間計算量についても検討しておこう．この方法では，元の配列に加えて 1 つしか `double` 型の変数を必要としないので，空間計算量は $O_{\mathrm{space}}(n)$ である．

もう一例，時間計算量がいままで知られているソート法の中で最適であるクイックソート (quicksort)[16) を紹介しよう (図 4.40)．これは，再帰計算を用いた巧妙な手法である．まず，ある適当な数値 x (分割子と呼ばれる) を選択し，配列を分割子よりも大きい値と小さい値とに分割 (partitioning) する．分割された大きい側と小さい側とのそれぞれの部分配列に関して，さらに分割を行う．この作業を部分配列の長さが 1 になるまで繰り返すことにより，全体がソートされるという方法である．クイックソートの性能は，分割子の選択に依存する．分割子が常に配列中の最大値を選ぶという最悪の場合，時間計算量は $O(n^2)$ である．しかし平均的な時間計算量は $O(n \log n)$ であることが知られており，広く利用されている．

問 4.2. 多項式 $f(x) = a_0x^n + a_1x^{n-1} + \cdots + a_{n-1}x + a_n$ をそのまま計算する場合の時間計算量を求めよ．

問 4.3. 上の多項式は $f(x) = (\cdots((a_0x + a_1)x + a_2)x + \cdots + a_{n-1})x + a_n$

```
void quicksort(double d[], int left, int right){
    int i = left, j = right;
    double w, x;

    x = d[( i + j ) / 2];
    do{
        while(d[i] < x) i++;
        while(x < d[j]) j--;
        if(i <= j){
            w = d[i];
            d[i] = d[j];
            d[j] = w;
            i++;
            j--;
        }
    }while(i <= j);
    if(l < j) quicksort(d, left, j);
    if(i < r) quicksort(d, i, right);
}
```

図 **4.40** クイックソート法

と表現できる．この式から計算する場合の時間計算量を求めよ (これをホーナー (Horner) 法という)．

問　の　略　解

問 1.1, 1.2, 1.3　それぞれ，すべての組み合わせを考えることで容易に示すことができる．

問 1.4　4 入力 A, B, C, D，1 出力 X の真理値表を以下左のように与える．

A	B	C	D	X
0	0	0	0	1
0	0	1	1	0
0	1	0	1	1
0	1	1	0	1
0	1	1	1	1
1	0	0	0	0
1	0	0	1	0
1	0	1	0	1
1	1	0	0	0
1	1	1	1	1

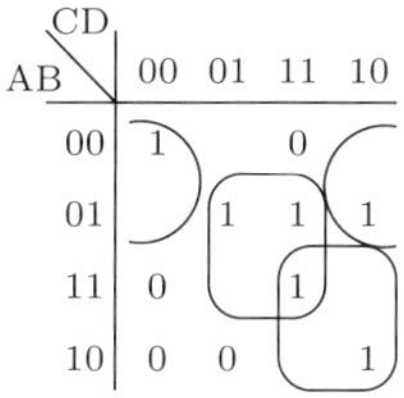

カルノー図は上記右のようになり，論理式 $X = \overline{A}\,\overline{D} + AC + BD$ を得る．

問 1.5　ドントケアをすべて 0 とした場合のカルノー図は以下左のようになり，論理式 $X = \overline{A}\,\overline{B}\,\overline{C}\,\overline{D} + \overline{A}BC + \overline{A}BD + BCD + A\overline{B}C\overline{D}$ を得る．ドントケアをすべて 1 とした場合のカルノー図は以下右のようになり，論理式 $X = \overline{A}\,\overline{C} + AC + BD + C\overline{D}$ を得る．

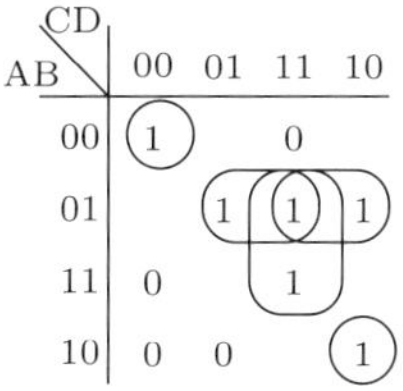

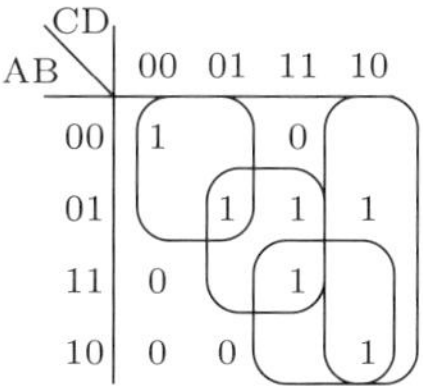

問 1.6　式 1.10 から，3 入力を A, B, C，1 とすると出力 Y は $Y = AB + AC + BC$

である．したがって以下の回路図を得る．

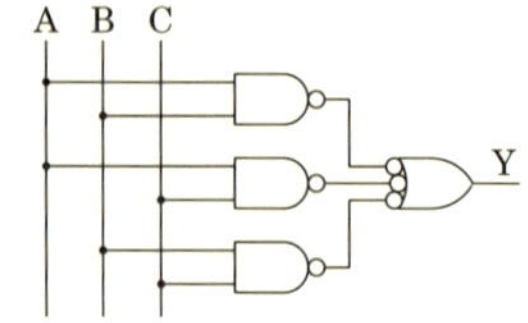

問 1.7 まず 6 つの状態 ($S_2S_1S_0 = \{000, 001, 011, 111, 110, 100\}$) を無条件に巡回する状態遷移図を作成し，真理値表を作成する．

S_2	S_1	S_0	S'_2	S'_1	S'_0
0	0	0	0	0	1
0	0	1	0	1	1
0	1	1	1	1	1
1	1	1	1	1	0
1	1	0	1	0	0
1	0	0	0	0	0

カルノー図を用いて簡単化された論理式を導き，$S'_2 = S_1$, $S'_1 = S_0$, $S'_0 = \overline{S_2}$ を得る．また，$S_2S_1S_0 = 000$ の時に A を点灯，$S_2S_1S_0 = 001, 100$ の時に B を点灯，$S_2S_1S_0 = 011, 110$ の時に C を点灯，$S_2S_1S_0 = 111$ の時に D を点灯させるとしてカルノー図を用いることにより $A = \overline{S_2}\,\overline{S_0}$, $B = S_2\overline{S_1} + \overline{S_1}S_0$, $C = \overline{S_2}S_1 + S_1\overline{S_0}$, $D = S_2S_0$ を得る．以上から，回路は以下のようになる．

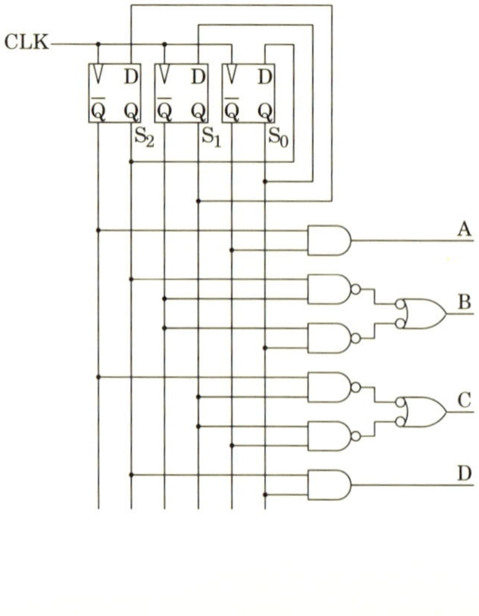

問 1.8　表 1.16 方式では，2 変数の加算を行うごとに命令の読み出し，値の読み出し 2 回，結果の書き込み，の合計 4 回メモリをアクセスするので，$4 \times 9 = 36$ 回のメモリアクセスが発生する．

累算器方式では，最初の変数を累算器へ読み込むのに命令と変数の 2 回，変数と累算器の値とを加算するのに命令と変数の 2 回ずつ，結果をメモリへ書き出すのに命令と変数の 2 回メモリをアクセスするので，$2 \times 11 = 22$ 回のメモリアクセスで済む．

なお，最後の停止命令を数えていないことに注意されたい．

問 1.9　メモリ中の既知の値が書き込まれている整数領域を，バイト単位で検査すればよい．C のプログラムで表せば以下のようになる．

```
#include <stdio.h>
#define KEY 7
int main(void){
    int i=KEY;
    char *msb=(char *)&i, *lsb;
    lsb=msb+sizeof(int)-1;
    if((*msb==0) && (*lsb==KEY)){
        printf("Big Endian\n");
        return 0;
    }else if((*msb==KEY) && (*lsb==0)){
        printf("Little Endian\n");
        return 1;
    }else{
        printf("Unknown Endian\n");
        return 2;
    }
}
```

問 1.10　エンディアンの違う 32 bit のデータは，1 byte 4 つに区切ってバイト単位に最上位と最下位，中上位と中下位，をそれぞれ入れ替えれば変換できる．プログラムでは，練習問題 1.9 のようにポインタを用いてもよいが，共用体を用いた方が見やすいであろう．`ReadIn()` はデータを読み込む関数である．

```
union {
    int  i;
    char c[4];
} u;

int main(void){
    int j;
    u.i=ReadIn();
    for(j=0; j<=1; j++){
        char tmp;
        tmp=u.c[j];
        u.c[j]=u.c[3-j];
        u.c[3-j]=tmp;
    }
    return u.i;
}
```

問 2.1

a. $(\mathrm{AA})_{16}$　b. $(\mathrm{F0})_{16}$　c. $(\mathrm{B4})_{16}$
d. $(177777)_8$　e. $(77777)_8$　f. $(10421)_8$

問 2.2

a. $(170)_{10}$　b. $(240)_{10}$　c. $(180)_{10}$
d. $(65535)_{10}$　e. $(32767)_{10}$　f. $(4369)_{10}$

問 2.3

$$10\frac{\log 10}{\log 16} \approx 8.3$$ ゆえに, 9 桁が必要である.

問 2.4

$$8\frac{\log 16}{\log 10} \approx 9.6$$ ゆえに, 10 桁が必要である.

問 2.5

a. $(01010110)_2$　b. $(00010000)_2$　c. $(01001100)_2$
d. $(00000001)_2$　e. $(10000001)_2$　f. $(11101111)_2$

問 2.6

a. $(01111111)_2$　b. $(10000000)_2$　c. $(00110010)_2$
d. $(11111111)_2$　e. $(00001010)_2$　f. $(11011000)_2$

問 2.7　単純に 2048 を減算してもよいが, 2 の補数表現であれば MSD を反転させるだけで済むので簡単である.

問 3.1　以下のように桁あふれしていないかどうかを確認しておくべきである.

```
    int  i;
    char c;
    c=(char)i;
    if(i != (int)c){
        printf("overflow\n");
    }
```

問 3.2

```
#include <stdio.h>
int main(void){
    int i, j;
    scanf("%d", &i);
    for(j=2; j<i; j++){
        if((i/j)*j == i){
            printf("%d is not a prime number.\n", i);
            printf("It is divisible by %d.\n", j);
            return 1;
        }
    }
    printf("%d is a prime number!\n", i);
    return 0;
}
```

問 3.3

```
#include <stdio.h>
#define NUM 10
int main(void){
    int i, j, star[NUM];
    for(i=0; i<10; i++){
        star[i]=0;
    }
    for(i=0; i<500; i++){
        star[random() % NUM]++;
    }
    for(i=0; i<NUM; i++){
        printf("%d\t", i+1);
        for(j=0; j<star[i]; j++){
            printf("*");
        }
        printf("\n");
    }
}
```

問 3.4

```
i=j=0;
while(i<10){
    j+=i;
    i++;
}
```

問 3.5

```
for(j+=i; j<10; j+=i);
```

問 3.6

```
int is_divisor(int a, int b){
    if((a==0) || (b==0)){
        return -1;
    }
    if(((a%b)==0) || ((b%a)==0)){
        return 0;
    }
    return 1;
}
```

問 3.7

```
int gcd(int a, int b){
    int i;
    while (b!=0){
        i=a%b;
        a=b;
        b=i;
    }
    return a;
}
```

問 3.8 3.7 の最大公約数を求める関数 gcd を用いると簡単である．

```
int lcm(int a, int b){
    return (a*b/gcd(a,b));
}
```

問 3.9

```
fibonacci(int n){
    if(n<0){
        return -1;
    }
    if(n<=1){
        return 1;
    }
    return fibonacci(n-1)+fibonacci(n-2);
}
```

問 3.10

```
    int i, j, k, x[3][3], y[3][3], z[3][3];
    for(i=0; i<3; i++){
        for(j=0; j<3; j++){
            z[i][j]=0;
            for(k=0; k<3; k++){
                z[i][j]+=x[i][k]*y[k][j];
            }
        }
    }
```

問 4.1 FreeBSD 上で，以下のように 10000 byte の大きさの構造体を返戻値とする関数を作成し，アセンブリ言語を出力させた.

```
struct bigstruct {
    char c[10000];
};
struct bigstruct func(void){
    static struct bigstruct st;
    return st;
}
```

返戻値を返そうとする箇所は以下の部分である.

```
        cld                 /* コピーの方向を決める */
        movl $2500,%ecx     /* コピーする数を設定する */
        rep                 /* 次の命令を ecx の数だけ繰り返す */
        movsl               /* 4byte コピーする */
```

4 byte のコピー命令 `movsl` を 2500 回も繰り返すことにより 10000 byte をコピーしているのである.

問 4.2 次のようなプログラムを考える．

```
int    i, j;
double f, x, xx, a[N+1];
for(i=0, f=0; i<=N; i++){
    for(j=i, xx=1; j<N; j++){
        xx*=x;
    }
    f+=a[i]*xx;
}
```

double 型データの演算だけを基本演算とすると，

$$C = 2 + \sum_{i=0}^{n} ((n-i)+2) = \frac{1}{2}(n^2 + 5n + 8)$$

ゆえに，時間計算量 $O_{\mathrm{time}}(n^2)$ を得る．

問 4.3 次のようなプログラムを考える．

```
int    i, j;
double f, x, a[N+1];
for(i=1, f=a[0]; i<=N; i++){
    f*=x;
    f+=a[i];
}
```

double 型データの演算だけを基本演算とすると，

$$C = 1 + \sum_{i=1}^{n} 2 = 2n + 1$$

ゆえに，時間計算量 $O_{\mathrm{time}}(n)$ を得る．

文　　献

1) 成島弘，小高明夫，ブール代数とその応用，東海大学出版会，1983.
2) 相磯秀夫監修，天野英晴，武藤佳恭，だれにもわかるディジタル回路，オーム社，1984.
3) E. Mendelson，大矢建正訳，ブール代数とスイッチ回路，マグロウヒル好学社，1982.
4) 井田哲雄，岩波講座ソフトウェア科学 12—計算モデルの基礎理論，岩波書店，1991.
5) 長尾真，渕一博監修，齋藤忠夫，発田弘，大森健児，情報工学基礎講座 3—計算機アーキテクチャ，オーム社，1985.
6) Andrew S. Tanenbaum, *Computer Networks 3rd ed.*, Prentice-Hall, 1996.
7) 渡邊昭治，計算機工学，コロナ社 ，1995.
8) 大篠廣，入門計算機概論，オーム社，1998.
9) 湯淺太一，C 言語によるプログラミング入門，丸善，1998.
10) 杉原厚吉，計算幾何工学，培風館，1994.
11) B. W. Kernighan and D. M. Ritchie, *The C Programming Language 2nd ed.*, Prentice-Hall, 1988. 石田晴久訳，プログラミング言語 C (第 2 版)，共立出版，1989.
12) G. L. Peterson, Myths About the Mutual Exlusion Problem, *Information Processingg Letters*, **12**, 3, pp.115-116, 1981.
13) M. A. Eisenberg and M. R. McGuire, Further Comments on Dijkstra's Concurrent Programming Control Problem, *Communication of the ACM*, **15**, 11, p.999, 1972.
14) J. E. Burns, Mutual Exclusion with Linear Waiting Using Binary Shared Variables, *SIGACT News*, **10**, 2, pp.42–47, 1978.
15) E. W. Dijkstra, Co-operating Sequential Processes, *edited by F. Genuys Programming Languages*, Academic Press, London, pp.43–112, 1968.
16) C. A. R. Hoare, Proof of a program: FIND, *Communication of the ACM*, **13**, 1, pp.39–45, 1970.

索　　引

ア 行

カ 行

サ　行

タ 行

ナ 行

ハ 行

マ　行

ヤ　行

ラ　行

ワ　行

MEMO

著者略歴

矢向高弘（やこうたかひろ）

1965年　東京都に生まれる
1994年　慶應義塾大学大学院理工学研究科博士課程修了
現　在　慶應義塾大学理工学部助手

村上俊之（むらかみとしゆき）

1965年　東京都に生まれる
1993年　慶應義塾大学大学院理工学系研究科博士課程修了
現　在　慶應義塾大学理工学部専任講師

大西公平（おおにしこうへい）

1952年　東京都に生まれる
1980年　東京大学大学院工学系研究科博士課程修了
現　在　慶應義塾大学理工学部教授
著　書　『制御工学の基礎』（丸善，共著）
　　　　『応用制御工学』（丸善，共著）

数理工学基礎シリーズ 5

コンピュータの数理　　定価はカバーに表示

2000年10月20日　初版第1刷

著　者　矢　向　高　弘
　　　　村　上　俊　之
　　　　大　西　公　平
発行者　朝　倉　邦　造
発行所　株式会社　朝　倉　書　店
東京都新宿区新小川町6–29
郵便番号　162–8707
電　話　03 (3260) 0141
FAX　03 (3260) 0180
http://www.asakura.co.jp

〈検印省略〉

三美印刷・渡辺製本

ISBN 4–254–28505–1 C3350　　Printed in Japan